机遇需要把握

陈万辉 编著

煤炭工业出版社

·北京·

图书在版编目（CIP）数据

机遇需要把握／陈万辉编著. －－北京：煤炭工业
出版社，2018

ISBN 978－7－5020－7035－9

Ⅰ.①机…　Ⅱ.①陈…　Ⅲ.①成功心理—通俗读物
Ⅳ.①B848.4－49

中国版本图书馆 CIP 数据核字（2018）第 258724 号

机遇需要把握

编　　著	陈万辉
责任编辑	马明仁
编　　辑	郭浩亮
封面设计	荣景苑

出版发行　煤炭工业出版社（北京市朝阳区芍药居 35 号　100029）
电　　话　010－84657898（总编室）　010－84657880（读者服务部）
网　　址　www.cciph.com.cn
印　　刷　永清县晔盛亚胶印有限公司
经　　销　全国新华书店

开　　本　880mm×1230mm¹/₃₂　**印张**　7¹/₂　**字数**　200 千字
版　　次　2019 年 1 月第 1 版　2019 年 1 月第 1 次印刷
社内编号　9915　　　　　　**定价**　38.80 元

前　言

　　机遇究竟是什么呢？机遇是一种有利的环境因素，让有限的资源发挥无穷的作用，借此更有效地创造利益。具体地说，在特定的时空下，各方面因素配合恰当，就能产生有利的条件！谁能最先利用这些有利条件，运用手上的人力、物力，从事投资，谁就能更快、更容易地获得更大的成功，赚取更多的财富。而这些有利条件便是机遇。

　　机遇稀有而珍贵，但形势不断变化，每次都可能产生机遇。这么说来，机遇理应俯拾即是、无处不在，然而"二鸟在林，不如一鸟在手"。机遇只有那么一个，却有千万人互相竞争。机遇出现时，你不好好掌握，转瞬间就会有人捷足先登，后悔是不会有任何用处的。机遇出现时，只有手快者才能拔得头筹。机遇像精于化妆的女孩儿、害羞的少女、顽皮的小孩儿，它来临时，绝

不会大张旗鼓告知天下，它总是悄悄降临于人世，等待着眼疾手快的人果断采取行动。而这样一个眼疾手快的人必须是有准备的人。有"人定胜天"的豪情，有靠自己能力白手起家，创业赚大钱的信心和毅力……

如此说来，机遇自然更是弥足珍贵。毕竟机遇是一个人迅速走向成功的杠杆。在芸芸众生中，人与人相比能有多大的差距？单从人的本质而言，人与人的差别是微乎其微的。而最终，有的人成功了，有的人却一生碌碌无为。勤奋是成功的必要条件，但机遇更加重要。没有机遇，也就失去了努力的平台。

机遇一向来得神秘，它是偶然的，可以发生，也可以不发生；它稍纵即逝，错过了，就不再来；机遇也是隐蔽的，需要善于发现的眼睛；机遇不能随人的意愿创造，相同的机遇绝不会第二次敲你的大门。

上天赋予我们的都是均等的，我们都有诚实的品质、热切的愿望和坚韧的品格，这些都让我们有成就自己的可能；我们的前方还有无数伟人的足迹在引导着我们，激励着我们不断前行；而且，每一个明天都给我们带来许多未知的机遇。珍惜机遇，抓住机遇！

目　录

|第二章|

抓住瞬间的机遇

|第三章|

机不可失，时不再来

|第四章|

培养自己的信心

|第五章|

在冒险中寻找机遇

第一章

机遇需要把握

战胜自己就拥有了机遇

人生只是短暂一瞬，生命的弓弦应该是紧绷的，而不是放松的。生命不息，奋斗不止，应该是每个人要具备的精神。战胜了失败，便是战胜了自己，我们也就有了成功的机遇，也就有了拥有幸福的机遇。

很多人都有一种失败主义的态度。其原因就是他们一直都看不起自己，在这种意念的支持下，他们便认为自己被看轻是很正常、很自然的事情。我们没有办法成功是因为我们觉得都是上天注定不可能成功的。

果真是这样吗？正是因为我们有了这种"我是一个失败者"的定论，当机遇到来时，我们就会麻木不仁地去对待，就会和机遇失之交臂。被动等待或守株待兔，根本是浪费时间、错失良机的举动，而这无异于把自己的命运交付给未知的外力来决定。这样，我们就失去了成功的可能性，那我们怎么

还会成功呢？曾经失败过并不是问题的所在，而是我们怎么来看待失败，一个乐观的人会说："我还没成功，但我一定会成功。"

下面要给大家讲的这个故事，足以证明我在这里所要阐述的原则。

有一个人毕业于某商学院，后在一家矿业公司连续干了5年的速记员工作。由于"任劳任怨，不计酬劳"，他很受青睐，很快被提升为该公司的总经理。然而不久，因他的老板宣告破产，他失去了工作。

他的第二个工作，是在一家木材厂担任销售经理。尽管他对木材生意一无所知，但凭着他的处世良方"任劳任怨，不计报酬"，很快使销售业绩上升，他本人也晋升得很快。他又感觉到了处在"世界最高峰"的舒畅。然而命运之神再次捉弄了他，1907年的经济大恐慌，一夜之间，使他的事业成为空中楼阁，分文未剩。

但是他没有丧失信心。转而一边研究法律，一边当一名汽车推销员。销售木材的经验使他的销售业绩很快飞跃起来，他获得了进入汽车制造业的良好机遇。他开设了一个汽车技术

工人训练班，把一般的工人训练成专业技术工，极有成效，这使他每月有1000多美元的纯收益。他再度觉得自己又"功成名就"了。当时他依旧认为，所谓的成功就是金钱和权势而已。然而好景不长，由于债台高筑，他的事业被银行接管了。他从一个有钱人，突然间又成了不名一文的人。

这几个短暂的挫折在他的一生中是一笔最大的财富。因为它们迫使他不断地扩充自己的知识，从一个行业到另一个行业积累了更丰富的经验。

他的第四个工作，是到一家世界上最大的煤矿公司当首席法律顾问的助手。但过了一段时间，他提出辞职，原因是那项工作太容易了。太容易的工作容易养成懒惰的习惯。只有经过不断努力和奋斗才能产生力量，才能迅速成长。

他的新起点选择在竞争异常激烈的芝加哥。一个人是否具备真正创业的潜能，可以让他到芝加哥试一试。他在芝加哥打响的第一炮是任一所函授学校的广告经理。他对广告所知不多，但凭着前几次创业的经验，他很快又东山再起，两年赚了5200美元。

在这家函授学校担任广告经理时，他出色的表现很令校

长佩服，校长鼓动他与自己联手干糖果制造业。他们成立了"贝丝·洛丝糖果公司"，他出任该公司的第一任总裁。他们的事业扩展极为迅速，利润也相当丰富。他认为自己又接近成功了。

然而，就在他自我陶醉的时候，他的合伙人却因伪造罪而被起诉牵连，使他很快赔光了在这家公司所有的股份。他只有再次转行，到芝加哥中西部一家专科学校教授广告与推销技巧。

教学事业搞得很成功。他在这所学校里开了门课，同时主持了一所函授学校，几乎在世界上每个讲英语国家中，都有他的学生存在。尽管其间经历了第一次世界大战的破坏，但他的教学事业仍蓬勃发展。他再度认为自己又接近了成功的终点。

接着，来了一次大征兵，学校中的大部分学生都被征召入伍了，他也投入到了为国家服务的行列。

这是他生命中的第六个转折点。

战争结束后，他思绪万千，很有感触。1918年12月11日，他又走上了另一条道路——从事写作。这对他来说是一生中最值得骄傲的事。很奇怪的是他在进入这一行业时，从来没有想到去探求它的尽头是否存在着重大的权力以及无数的金钱。他第一次明白了生命中还有一些比金钱更值得追求的东西，那就

是：对这个世界提供力所能及的最佳服务，不管你的努力将来是否只为自己带来一分钱的报酬，甚至可能连一分钱的报酬也没有。

他用了20年的时间潜心研究世界500位成功名人成功的经验，完成了具有划时代意义的八卷本《成功规律》。该书成为激励千百万人获得财富、获得成功的教科书，他同时也成为在美国社会享有盛誉的学者。

"你千万不要把失败的责任推给你的命运，要仔细研究失败的实例。如果你失败了，那么继续学习吧。可能是你的修养或火候还不够的缘故。要知道，世界上有无数人，一辈子浑浑噩噩、碌碌无为。他们对自己一直平庸的解释不外是'运气不好''命运坎坷''好运未到'。这些人仍然像小孩那样幼稚与不成熟，他们只想得到别人的同情，简直没有一点主见。由于他们一直想不通这一点，才一直找不到使他们变得更伟大、更坚强的机遇。"

抓住机遇，创造未来

古希腊哲学家柏拉图说："一个人不论干什么，失掉恰当的时机，有利的时机就很容易失去。"

我们总以为机遇是活的，会动的，它会主动地找到那些愿意迎接机遇的人。相反，机遇是一种想法和观念，它只存在于那些认清机遇的人心中。只有那些抓住机遇的人，才有机会创造未来。

关于抓住机遇才会有未来，曾经有这样一个故事。

在一个画室里，一个青年站在众神的雕塑面前。他指着一尊塑像好奇地问道："这个叫什么名字？"那尊塑像的脸被它的头发遮住了，在它的脚上还生有一对翅膀。雕塑家回答道："机遇之神。""那为什么它的脸藏起来了呢？"年轻人又问道。"因为在它走近人们时，人们却很少能够看见它。""那它为什么脚上还生着翅膀呢？"青年又追问道。"因为它很快

就会飞走，一旦飞走了，人们就再也不会看见它了。"

　　"机遇女神的前额上长着头发。"一位拉丁作家曾经这么说过，"但她的脑后没有头发。如果你能够抓住她前额上的头发，你就能够抓住她。然而，如果被她挣脱逃走的话，即使万神之王宙斯也无法将她捉住。"

　　"那天晚上碰到了不幸的'中美洲'号。"一位船长讲述道，"天正渐渐地黑下来。海上风很大，海浪滔天，一浪比一浪高。我给那艘破旧的汽船发了个信号打招呼，问他们需不需要帮忙。'情况正变得越来越糟糕。'亨顿船长朝我喊道。'那你要不要把所有的乘客先转到我的船上来呢？'我大声地问他。'现在不要紧，你明天早上再来帮我好不好？'他回答道。'好吧，我尽力而为，试一试吧。可是你现在先把乘客转到我船上，不是更好吗？'我回答他。'你还是明天早上再来帮我吧。'他依旧坚持道。我曾经试图向他们靠近，但是，你知道，那时是在晚上，夜又黑，浪又大，我怎么也无法固定自己的位置。后来我就再也没有见到过'中美洲'号。就在他与我对话后的一个半小时，他的船连同船上那些鲜活的生命就永远地沉入了海底。船长和他的船员以及大部分的乘客在海洋的

深处为自己找到了最安静的坟墓。"

亨顿船长曾经在离他咫尺却被他忽略了的机遇变得遥不可及的时候，才意识到这个机遇的价值。然而，在他面对死神的最后时刻，他那深深的自责又有什么用呢？他的盲目乐观与优柔寡断使得很多乘客成了牺牲品！

其实，在我们的生活当中，又有多少像亨顿船长这样的人，他们在最欢乐的时刻是多么易受打击，多么的盲目，在命运的面前又是多么的软弱无力啊！只有在经历过之后，他们才顿然清醒地明白那句古老的格言：机不可失，时不再来！然而，这时已经迟了。

做任何事情如果不抓住机遇那是非常危险的，一切努力和希望都可能在等待中付诸东流，而机遇最终也会与他失之交臂。"在我们的生命中，总有一些时刻能抵得上许多年的时间。"迪恩·阿尔福特曾经这样说过，"我们对此毫无办法。无论是就重要性而言还是就价值而言，世界上没有什么能够与时空相比。一个小小的失误，可能就发生在5分钟内，然而，这就决定了一个人的一生。可是，谁又能够预料到这个时候就是我们生死攸关的时刻呢？"

　　"我们所说的转折点，"阿诺德说，"其实就是以前点点滴滴的积累突然间爆发出来的时刻而已。对于那些善于利用这一时刻的人来说，这些偶然间出现的情况是至关重要的。"我们的问题就在于，我们总是在一刻不停地寻找那些所谓的"重要机遇"，希望靠一个"机遇"来达到致富或成名的目的。我们只想成为大师级的人物；我们不想学习，只想获得知识；我们不想实干，只想有巨大的收获……

　　但是，机遇不会从天而降，它需要自己去争取，需要自己去寻求、去创造。守株待兔得来的永远只有一只兔子，只有积极地活动，才会获得更多成功的机遇。

　　比尔·盖茨在总结自己的成功时，曾说过："我的人生就是由一个又一个的机遇构成的，每一个机遇都来得恰到好处。我所做的，就是及时地把握住了这些机遇。"在今天看来，正是这些机遇，才给了比尔·盖茨所拥有的一切荣誉。

　　吴鹰在2003年的福布斯财富排行榜中虽然出局了，但在IT富豪榜中却位居第4位。他认为机遇向来是为有准备的头脑服务的，机遇稍纵即逝。因而，他们总是不惧风险，抓住机遇！而吴鹰就是这样一位有头脑的人！他以令世人瞠目结舌的速度创造了他的UT斯达康世界。在贝尔实验室的工作经历使吴鹰受益匪浅，他参加了许多高尖端信息技术的开发研究工作，他的思想发生了巨大变化，他的眼界也更为开阔。

吴鹰认为，21世纪的世界经济将是知识占主导的经济，知识资源的占有、配置、生产、分配、使用将成为经济活动的主要内容。世界财富将有一次大的转移，主要是从物质资源拥有者中转移到知识资源拥有者手中。

经过深思熟虑后，吴鹰决定创办一个公司，将自己的知识成果转化为现实的物质财富，以服务于社会。但是，创办公司并非一件轻而易举的事。和以往相比，20世纪90年代的公司面对的是一个瞬息万变、充满不确定性和不稳定性的全球生存与竞争的环境。放眼世界，传统产业正在衰退、残废，众多大名鼎鼎的老牌公司转瞬间已成明日黄花，难现往日风采。显然，创办公司并要获得成功的挑战是前所未有的。

经过一番紧张的准备工作，1991年下半年，吴鹰的斯达康公司终于诞生了。公司成立后发展极其迅速、规模急剧扩大，其生产的有线、无线网络接入设备深受市场欢迎。

1995年，STARCOM和UNITEEH公司合并成立UT斯达康后，吴鹰任UT斯达康公司的副董事长兼执行副总裁及UT斯达康（中国）有限公司总裁。UT斯达康公司向无线及有线网络运营商提供通信设备，还提供电子银行及语言邮件服务等。UT斯达康公司于2000年3月在纳斯达克成功上市。

在2002年的排行榜中，吴鹰以其持有的在纳斯达克上市的UT斯达康公司股权计算（2001年9月31日收盘价），其资产达8亿元人民币，位居排行榜中的第37位。

吴鹰能在这么短的时间内迅速成为亿万富豪，主要原因在于他拥有智慧的头脑，他对整个社会的发展趋势做出了敏锐地判断。机遇未来时，他已经准备好；机遇一来，他就紧紧地抓住了它。

机遇无处不在

失败者经常挂在嘴边的一句话就是："我没有机遇！"他们将失败的理由归结于没有人垂青他们，好职位总是让他人捷足先登。事实果真如此吗？很多人告诉自己："我已经尝试过了，不幸的是我失败了。"其实，他们并没有搞清楚失败的真正含义。

大部分人一生中都不会一帆风顺，难免会遭受挫折和不幸。但是成功者和失败者非常重要的一个区别就是，失败者总是把挫折当成失败，从而使每次挫折都能够深深打击他追求胜利的勇气；成功者则是从不言败，在一次又一次挫折面前，总是对自己说："我不是失败了，而是还没有成功。"一个暂时失利的人，如果继续努力，打算赢回来，那么他今天的失利，就不是真正失败。相反，如果他失去了再次战斗的勇气，那就是真的输了。

丹尼尔中学毕业后，找到了一份暑期工作，在期货交易所当跑腿，传递买卖单据。但他的经历非常惨痛，每周工资40美金，他会在一小时内赔得一干二净。不过那时，丹尼尔想无论事情如何，我已经得到了第一次学习如何炒卖期货的机遇。

在丹尼尔尚未成年之前，是不允许炒卖期货的。但是他的父亲拥有交易所会籍，于是他就让父亲担任他的买卖手，经常委托父亲代他买卖，结果是经常赔得一败涂地。

虽然入行初期，丹尼尔经常赔钱，但这段经历对他来说获得了千金难得的经验。可以说，刚开始炒买炒卖的时候，成绩越差，对他今后影响越好。换言之，初入行时成绩太过出色，反而不妙。

初入行所经历的失败教训是通向成功的中转站。后来的丹尼尔凭着400美元炒卖成功，个人资产一度达到2亿美元，但如果没有他开始入行的经历，也不会有后来的成功。

很多人一遇到失败就好像战场上的逃兵，如临大敌，比谁跑得都快，生怕天要塌下来把他砸着似的。然后就是"一朝被蛇咬，十年怕井绳"。获得暂时的安全以后，前方的路还是要走，前方的困难还是要面对。

如果一个人把眼光拘泥于挫折的痛感之上，他就很难再抽出身来想一想自己下一步如何努力，最后如何成功。一个拳击运动员说："当你的左眼被打伤时，右眼还得睁得大大的，才能够看清敌人，也才能有机遇还手。如果右眼也同时闭上，那么不但右眼要挨打，恐怕连命也难保！"拳击就是这样，即使面对对手无比强大的攻击，你还得睁大眼睛面对受伤的感觉，如果不是这样的话一定会失败得很惨。人生又何尝不是这样呢？

杨某曾经是一个不幸的人，命运给了他太多的考验与太多的折磨。在他还很小的时候，一次意外的火灾把他身上65%以上的皮肤都烧坏了，为此他动了16次手术。手术后，他无法拿起筷子，无法拨电话，也无法一个人上厕所，但杨某并不认为他已经失败了，他的人生就此没有希望了。他说："不幸已经发生了，再怎么悲伤也无济于事，而如果你选择积极的态度去面对不幸，那你将是最幸福的人。从这个角度出发我完全可以掌握我自己的人生之船，我可以选择把目前的状况看成倒退或是一个起点。"半年之后，他又重新开始了自己的事业。

杨某为自己在大连买了一幢别墅，另外还买了地产及一家酒吧，后来他和两个朋友合资开了一家公司，专门生产以木材为燃料的炉子，这家公司后来成为在大连很有影响力的公司。

在杨某开公司的第五年，他又因为一次意外车祸把胸部的两节脊椎骨折断，腰部以下永远瘫痪！"我不解的是为何这些事老是发生在我身上，我到底是造了什么孽？要遭到这样的报应？"

但是，杨某仍不屈不挠，日夜努力使自己能达到最高限度的独立自主，他被选为某行业协会的副理事长，在这个位置上，他用自己的工作展现了自己的能力。

尽管杨某面目吓人，行动不方便，但他一点也不难过，反而还获得了好运。他开始"泛舟"，不久就坠入爱河且完成终身大事，还拿到了公共行政学硕士，继续从事着他的事业。

杨某说："我瘫痪之前可以做1万件事，现在我只能做9000件，我可以把注意力放在无法再做的1000件事上，或是把目光放在我还能做的9000件事上。告诉大家说我的人生曾遭受过两次重大的挫折，如果我能选择不把挫折拿来当成放弃努力的借口，那么，或许你们可以从一个新的角度来看待一些一直让你们裹足不前的经历。你可以退一步，想开一点儿，然后，你就有机遇说：或许那也没什么大不了的！"

当我们遭受挫折的时候，不要在心里惶惶不可终日，多

　　一分从容就多了一分成功的希望。正如杨某所说，遭遇挫折的时候不要总是把目光放在自己不能做的事情上，多想想自己还能做的那些事情，如果你没有生活的勇气，不能扬起生命的风帆，随之而来的是心的胆怯和沉溺，你就会无休止地对自己说："我没有任何希望了，这就是命运呀！"结果你就真的没有希望了。但是，当上帝关上一扇门的同时，也就为你打开了另一扇窗。

　　俗话说，没有常胜的将军。我们无论做什么，都必须做好失败的准备，接受失败的洗礼，接受失败的磨砺，这样，才会发现其中的玄妙，进而走上成功。如果遇到困难、失败绕着走，看似平坦的四周，走过去全是崇山峻岭，结果路走得更加艰难，付出的代价更大。

　　所以，不要一遇到失败就投降或逃避，不论在历史或是现实生活中，总有一些理智、自信而勇敢的人，他们曾经都是惨痛的失败者，但他们都能吸取经验教训，把失败当作靶子，一次刺不中，再刺一次，总有刺中的时候。

机遇是一种挑战

法国作家罗曼·罗兰说："如果有人错过机遇，多半不是机遇没有到来，而是因为等待机遇都没有看见机遇到来，而且机遇过来时，没有一伸手抓住它。"

机遇就是一种挑战！在商场上，机遇更是一种决定成败的关键因素。善于抓住商机的人能不断地走向新的征途。

用友软件总裁王文京就是一位很善于捕捉商业机遇的高手。1999年9月至10月，用友准备在财务软件的低端市场与金蝶公司打一场争夺战，这也是一场硬仗。

用友的传统优势在中高端，此番进军低端，销售量要上规模，用友绝对没有问题，更没有心理障碍。但是投入之后不知道怎么赚钱，像王文京这样的人是不可能接受的。搞不清COM怎样才能盈利，所以王文京迟迟不敢插手COM。王文京的伟库

盈利模式非常明确，就是收取月租费，伟库即将对外出租的服务有四个方面：（1）财务；（2）进销存；（3）CRM；（4）人力资源管理。

从硬件到软件，从软件再到服务，最后抓到ASP，王文京感觉自己抓住了IT发展的脉搏。"ASP卖的就是服务，ASP的服务同硬软件时代的服务有着本质的区别，原来的服务从属于硬件和软件。ASP的服务就是服务本身。"

迅速抓住ASP这一机遇让王文京在财务软件的低端市场找到了对付金蝶的利器。

1994年、1995年，徐少春靠着WINDOWS版财务软件取得了挑战王文京的资格，在INTERNET上，王文京早就发誓不再给金蝶机遇。

1997年，用友先于金蝶发布WINDOWS95版财务软件，鼓吹财务软件进入32位时代，但是，这一举动并没能改变用友在WINDOWS版财务软件方面落后的状况。此时的王文京悲痛地感觉到领先厂商在技术进步和技术发展及其他方面不能太过滞后，不能等技术成熟、流行之后再动手。

在此心理背景下，WINDOWS95版财务软件一做完，用友

立刻开始了基于INTERNET财务软件的研发，全部用JAVA语言来写。

1997年，国内没有一家公司做同样的事情，即使国际上，在管理软件领域里基于这个技术方向，这么早就起步的也不多见。而且，用友在这个产品上累积已投了一千多万元人民币。

1998年，王文京拿出了基于WEBSEVER的财务软件。第一个用户是海洋石油，这个软件工程庞大，定价800万元，一直到1999年工程还在施工中。那时，就有同行看笑话，认为JAVA这东西太超前。但是，2001年，这个产品已做下了海尔、大众保险、交通银行、上海实业、北京工商局、深大电话、湖南烟草等几十个大单子。

用友软件原来的年销量在2万套左右，进军低端市场就意味着年销售量将要达到几十万套规模。可销售规模上去后，服务怎么办？

王文京反复思量，但在当时看，除加大服务投入外没有更好的办法。ASP让王文京心里豁然开朗："每个家庭都要用水，但没有必要每个家庭都自己挖井打水吃，只要有一个自来水公司找到水源，经过净化，通过管道，输送到每个家庭就行了。ASP的服务相当于自来水公司，管道是INTERNET，上面跑的包括财务服务在内的各种服务是水。"

王文京的财务软件进军低端市场，不像传统的那样发售套装软件，然后，帮助每个用户建立自己的财务系统，那样工程量大、耗时长久、浪费人力。改成ASP方式后，只要在用友这边建一套系统，用户就可以通过浏览器到上面取水了。ASP有一个经典的定义叫作："软件变服务，服务走网络。"

ASP真是太好了！王文京越想越振奋，ASP将INTERNET上的注意力重新拉回到了软件开发上。要作秀（SHOW），王文京比不上张朝阳，但要说开发软件，则是王文京的强项。凭着王文京和ASP的号召力，还是个空壳的伟库就惹得很多用户感兴趣，他们中有的说一开通就上；有的说一年之内会上；也有实在等不及的，干脆先寄来钱等着。让王文京喜笑颜开的不是区区几百元，而是ASP一运营马上就可以赚钱的模式。

可见，商机出现时许多人虽然也看到了，但没有及时抓住，眼睁睁地看着机遇流失。只有做好准备的人，才能捕捉到机遇。

　　禾嘉总裁、华龙航空董事局主席夏朝嘉就很会利用机遇，抓住为人服务的商机，终于走上了成功的财富之路。

　　夏朝嘉在成长的道路上，不失时机地与东方航空签署了合作组建东方华龙通用航空公司的初步意向书。经过一段时间的合作，双方感觉不错，遂签署了合作的正式合同。新组建的东方华龙通用航空公司，是把原华龙航空与东方通用实用航空公司邯郸公司合并；东方华龙注册资金为2亿元人民币，禾嘉以原华龙航空人员和资产再追加1800万元现金入股，占东方华龙55%的股份；东航以东方通用航空邯郸公司的人员及部分资产入股，占东方华龙45%的股份。夏朝嘉担任东方华龙董事长。东方航空公司总裁李仲明在成都与夏朝嘉签署完合同后坦言，选择与夏朝嘉合作一方面看中禾嘉是上市民营企业，有资金实力，更重要的是看中其民营企业好的机制，通过合作使自己在体制上发生变化，另外，还可借助禾嘉挺进西部市场，与夏朝嘉一起分享巨大的商机。

　　东方通用航空公司邯郸公司一直被誉为"中国直升机的摇篮"，其前身是中国民航飞行大队，拥有各型飞机和熟练的飞行人才，然而却因为长期受机制的困扰造成经营困难。夏朝嘉对未来中国的通用航空市场及东方华龙的前景非常了解，而且也很乐观，并与四川电视台签订了三年合作协议，为其航空采访提供服务。另外，还与国家旅游局等单位合作，开展了九寨沟、泸沽湖、康定跑马山及云南大理、丽江等内外著名景点短途飞行业务。

夏朝嘉说："我的做法很简单，就是瞄准各种商务活动，瞄准先富起来的一批人，做好服务。"我们知道，机遇的来临，可以出自偶然，但当事人必须及时利用机遇，才能为事物增加价值，为自己带来利益，富豪们敏锐的"嗅觉"使他们把握了机遇，他们的幸运来自偶然中的必然。

机遇是创造出来的

机遇不是等来的，是人创造的，它的实现是靠拼搏完成的。所以只要你有永不言败，永不放弃的拼搏精神，机遇最终会出现的。如果你不时刻准备着放手一搏，即使机遇来了，你也不知道什么是机遇。

在机遇与风险的挑战面前，有准备的头脑从不放弃搏击的机遇，只要有先见，只要有敏锐的目光，在机遇前做好准备，迅速捕捉成功的机遇，这样一定会成功。但是，冒险并不是漫无目的地胡乱试验，而是要敢于去抓住机遇，不要被机遇外面的风险所吓住，机遇才是你所应该关注的。在这个方面，刘永行兄弟经营的希望集团就是一个典型案例。

许多人在创业初期是非常善于捕捉机遇的，而在事业有一定基础后就丧失了这种敏锐性，但希望集团总裁刘永行却是十分冷静的人。

　　刘永行是四兄弟中留在饲料行业的一位，他的目标是做大做强饲料及其相关产业。1999年，饲料业已呈低利润发展趋势，年增长速度翻番已成过去。由于饲料市场非常疲软，加上搬迁，2001年东方希望集团的发展不容乐观。

　　铺摊子，全国布点已经完成，在饲料方面希望集团已做到了"全国第一"，现在要考虑的是行业的优化组合问题。

　　刘永行认为做面粉和食品，都是饲料行业的相关延伸。东方至少要做几十家面粉厂，此前已兼并了河南、安徽、四川几家面粉厂。特别是成都东风面粉厂用的是国际一流的全套瑞士设备，能生产高档面粉。

　　2000年底，刘永行还代表上海东方希望集团与东风面粉厂签订了租赁协议，并称此举是东方希望集团返乡参与西部大开发的第一步，如果租赁经营成功，将大规模进军四川面粉加工业，组建一个至少有五六个面粉厂组成的面粉集团。刘永行之所以选择面粉加工业，不仅是因为饮料制造与面粉加工业同属食品工业，更基于"东方希望"决策层善于捕捉机遇，对四川食品工业发展前景和面粉市场需求做了精心评估。

　　刘永行作为一个从西部走向东部的成功企业家，对西部

开发有许多独到见解。刘永行认为，参与西部大开发可以使东部企业和世界知名企业更直观、更深刻、更全面地了解中国西部，增强对西部的感性认识。同时，刘永行认为四川企业与东部企业和世界知名企业的合作开发也架起了一座相互沟通的桥梁，使东部企业和世界知名企业更好地了解到西部缺少什么，需要什么，哪些值得开发和参与，哪些项目可以实现"双赢"，这无疑给双方提供了一次发展的良机。刘永行认为，西部人口众多，资源丰富，商机很多，但要吸引外资，搞好开发，必须建立一个公平、公正、公开的市场运作机制，形成多元化的投资体制，大胆吸纳外资和民间资本，对民营企业、三资企业、国有企业一视同仁；还要注意政策的连续性，东西部的交流为双方提供了一次发展的良机。

　　刘永行在成都高新技术开发区兴建的商务大楼，成为东方希望立足成都，参与西部大开发的基地。刘永行涉足面粉与西部大开发，可以说是又一次捕捉住了财富的机遇，使之成为他人生辉煌旅途中的亮点。

　　在现实生活中，许多人总是在抱怨自己的命运不好，抱怨机遇没有垂青于他，但他们却从来没有想过，真正应该抱怨的正是他们自己，他们在抱怨中失去了很多机遇，失去了美好生活的希望。

有一天，司马望去拜访他多年未见的中学老师。老师见了司马望非常高兴，就问他近来的情况如何。

这一问，引发了司马望过去所发生过的许多不愉快的事，他开始抱怨起来说："我对现在做的工作一点儿都不喜欢，与我学的专业也不相符，整天无所事事，工资也很低，只能维持基本的生活。"

老师听完司马望的话，吃惊地问："你的工资如此低，怎么还无所事事呢？"

"我没有什么事情可做，又找不到更好的发展机遇。"司马望绝望地回答道。

"其实并没有人束缚你，你不过是被自己的思想抑制了，明明知道自己不适合现在的位置，为什么不去再多学习其他的知识，找机遇自己跳出去呢？"老师劝告司马望。

司马望沉默了一会儿说："我运气不好，什么样的好运都不会降临到我头上的。"

"你天天在梦想好运，而你却不知道机遇都被那些勤奋的

和跑在最前面的人抢走了，你永远躲在阴影里走不出来，哪里还会有什么好运。"老师郑重其事地说，"一个没有进取心的人，永远不会得到成功的机遇。"

经过这次谈话，司马望认识到了自己的弱点，于是他开始努力拼搏，过了几年，他就取得了成功。后来他在自传里感慨地写道："这种来自于绝望或者逆境中的成功才是真正能激励人的成功。"如果一个人把时间都用在了闲聊和发牢骚上，就根本不想用行动改变现实的境况。对于他们来说，不是没有机遇，而是缺少进取心。当别人都在为事业和前途奔波时，自己只是茫然地虚度光阴，根本没有想到跳出误区，结果只会在失落中徘徊。

如果一个人安于贫困，视贫困为正常状态，不想努力挣脱贫困，那么在身体中潜伏着的力量就会失去效能，他的一生便永远不能摆脱贫困的境地。

要勇于把机遇变成现实

古罗马的塞涅卡说："要想利用机遇，不仅要做好物质上的准备，更重要的是要做好精神上的准备。"

每个人都会有各种不同的困难，其实这个困难就是如何选择正确的思想来对待困难。如果能做对这一点，我们就能把机遇变成现实。

对于一个失掉勇气、自尊和自信的人来说，失败就会像噩梦一样围绕着他，他最终就不会把机遇变成现实，也就不会成为一个成功者。只有那些敢干、敢做、敢于挑战困难、敢于把机遇变成现实的人才能走向成功。

卡莱尔在写作《法国革命史》时遭遇的不幸。他把手稿交给最可靠的朋友米尔，希望得到一些中肯的意见。米尔在家里看稿子，中途有事离开就顺手把它放在了地板上，没想到女仆把稿子当成废纸，用来生火了。这呕心沥血的作品，在即将交付印刷厂之前全部变成了灰烬。卡莱尔听说后异常沮丧，因为他根本没有留底稿，连笔记和草稿都被他扔掉了，这几乎是一个毁灭性的打击。但他没有绝望，他说："就当我把作业交给老师，老师让我重做，让我做得更好。"然后他重新查资料、记笔记，把这个庞大的作业又做了一遍。

杰出的鸟类学家奥杜邦在森林中刻苦工作了多年，精心制作了两百多幅鸟类图谱，它们极具科学价值。但是度假归来后，他发现这些画都被老鼠糟蹋了。回忆起这段经历，他说："强烈的悲伤几乎穿透我的整个大脑，我连着几个星期都在发烧。"但当他身体和精神得到一定恢复后，他又拿起画笔，背起背包，走进丛林，从头开始。

在困难面前，你首先要有一个乐观的态度。遇到困难，不要让它吞噬你做事的热情，明白困难也是你行动中很自然的一部分，没有必要在做事之前热情高涨，在困难面前精神颓废。

爱默生说："一个人所做的，就是他整天所想的那些。"曾经统治罗马帝国的伟大哲学家巴尔卡斯·阿理留士也说："生活是由思想造成的。"即有什么样的思维就有什么样的生活。

一个人的生命中总会遇到一些不愉快的事情，重要的是我们要选择积极乐观的态度，抛开一切消极情绪的影响，以便保

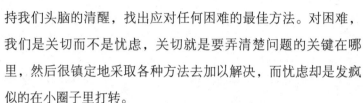

持我们头脑的清醒，找出应对任何困难的最佳方法。对困难，我们是关切而不是忧虑，关切就是要弄清楚问题的关键在哪里，然后很镇定地采取各种方法去加以解决，而忧虑却是发疯似的在小圈子里打转。

事实证明，每个人都可能遇到很严重的问题，但处理的方法可以完全不同，成天忧心忡忡并不能解决问题。

解决问题的办法只垂青那些懂得怎样追求它的人。世界著名成功学家拿破仑·希尔说："有些人似乎天生就会运用积极思维，使之成为成功的原动力；而另一些人则必须学习才会使用这种动力。可是，我们发现每个人都能够学会使用积极思维。"

敢于冒险才能抓住发展机遇

我们要做一个敢于冒险的人，因为在冒险的过程中，我们就可能抓住发展的机遇。但在冒险的过程中，我们要始终保持注意力，时刻留心身边的变化，善于把握机遇，以此实现人生的价值。

生活中，人们总是喜欢顺境，而不喜欢逆境。可是，众所周知，不管是经济萧条还是经营不佳导致的诸多消极因素中，都有可以利用的诸多优势。可以这样说，愈是低迷，愈有潜力可挖，也愈有可利用的空间。这就好比一个学生努力从零分考到60分是很容易的，但若想努力从90分考到95分，就很难了。所以说，敢于冒险，敢于成为英雄，只有突破常人所认为的逆境心态，才能抓住人生的发展机遇。

李勤夫，1962年出生在浙江平湖一个农民家庭，5个兄弟

姐妹中他排行老大。如果说他日后是个成功的企业家的话，学生时代的他实在无法令人恭维。为了逃避做作业，他常用几两饭票做代价，聘请同学为他代做几天的作业。他也用同样的方法对付考试。

由于请同学代劳需要报酬，个人"财政"常因招聘做作业的"雇工"而发生困难，于是他想到赚钱。一个中学生，能赚哪门子钱？脑门一拍，计上心来：开发平湖水乡资源，捕泥鳅。一身泥水，果然赚了点钱。可赚了点钱后，他就兴趣索然了，捕泥鳅又累又脏，一个人又捕不了多少，赚不了多少钱。如何最大限度地获取利润？他脑瓜一转，发动同学去捕，他来收购，再拿去贩卖。这下好了，他的财政状况大大地改善了。这就是他最早进入市场的尝试。也许正是从捕泥鳅这种营生中尝到的甜头为他日后进入市场打开了一条成功的通道。

高中毕业后他进水利局当了工人，一年后又转到镇农技站搞电器，此后当过车工，铣工，电工，干一样精一样，学一行精一行，而且每学一行必定超过师父。他是个不安分的人。

1982年到镇农机五金厂后，20岁的他担任了车间主任，收了六个徒弟，加工电风扇零件拿到上海去卖，赚了好多钱。为

了提高工人的积极性，他在车间实行计件工资制，多劳多得。由于他技术高，最多时一天的加班工资达到20元。这样一来，厂里的老工人不干了："我们辛辛苦苦干了几十年，收入还不如一个乳臭未干的毛头小伙！"一顶"搞资本主义"的帽子把他撵出厂。但是另一个机遇正等着他——他来到了新仓服装一厂。

这个固定资产仅500元，只有一台锁边机，16个农家姑娘各自带一台缝纫机组成的小厂子正面临倒闭。镇里以年2000元招标承包，连脚跟也没站稳的21岁青年又不安分守己地站了出来："我来承包！"承包的结果是，当年实现利润6万元。

此后，他贩卖泥鳅的才能得到了更大的发挥。工厂发展壮大成600多人，利润也达到200万元。1989年，他开始与上海一家服装厂搞联营，生产出口服装。

1990年初，他接到了120万件出口中东的业务，他万分兴奋，一条成功的新路眼看就要开通了。然而，出口的路刚刚打通，国际局势风云突变，海湾战争爆发了。新仓服装一厂生产的阿拉伯大袍因为战争而无法出口，订单没了，工厂只好停工，企业濒临绝境，这个年轻人好不容易开创的事业面临被扼

杀的危险。命运以其特殊的方式把他推到失败和成功、灰暗和辉煌的交叉点上。

"从1983年到1990年，我天天在赚钱，天天在花钱，最后却欠债。为什么别人都成功，我却成功不了呢？关键是我没有掌握市场。"事后他感慨万千地说。一个没有市场的企业是盲目的。当时他正面临绝境，工厂一旦倒闭，工人多年辛劳的心血将付诸东流，怎么向父老乡亲交代？困境往往与机遇同时降临。在寻求谋生之道时，一个使他日后无比辉煌的机遇悄然落到了他的身上。

1990年末，一位做毛巾生意的日本客商来平湖考察时路经新仓服装一厂，无意的聊天使日商对28岁的厂长发生了兴趣，他诚恳的态度和对市场对行业状况的分析使日商顿生相见恨晚之感。他调动自己三寸不烂之舌说服日商和自己合作，日商动心了。临别，他拿出了37件服装样品请日商为自己寻找销路。日商答应了，准备付钱，因为按这位外商的经验，拿别人的样品是要付钱的。可是他拒绝了："你是为我推销产品，怎能收你的钱，你帮我推销出去，我还要给你钱呢。"日商大为感动，答应1个月后给他答复。

28天后，日商如约来了，交给他7件日本的服装样品。"你能做这样的服装吗？"为什么不能？只要是服装还有不能做的？他一口答应："能！""几天能做好？""3天。""好，3天后见。"可当他回厂细看样品却呆住了，7件样品中有西装、学生装、时装、裤子，都是专业化程度要求很高的。怎么办？他的才能在这种紧急关头得到了充分的体现：马上组织全厂精干力量突击，对于一些无法完成的部分，马上送到生产出口服装的企业加工。日赶夜赶，他终于如期完成任务。第3天，他带着7件样品来到了上海华亭宾馆日商的住地时，比原定时间提前了半小时。他赢得了日商的信任。日商改变了原准备投资毛巾的意向，决定和他合作办服装厂。

为了论证合作的可能性，这位毛巾商请来了另一位做服装生意的日本商人，他就是李勤夫现在的长期合作伙伴松冈照浩。此时的松冈也正在苦苦寻找合作伙伴，松冈已在中国投资搞了几个合资厂，但由于合作伙伴挑选不当，效益并不理想。李勤夫抓住对方的心理展开了游说："松冈先生，你不远千里，来我国寻求发展，非常辛苦，你如有意到我这里投资办厂，我一定全力以赴帮你赚钱。""帮我赚钱？"松冈惊

异了。"对，帮你赚钱！""你能保证我赚到利润？""没错！""我和中国人打了这么多年交道，从来没有人说帮我赚钱。"松冈日后追述道。随后两位日商和他共同组建了一家服装企业，双方合作的方式是，投资双方各占一半，日方出资金，中方出地皮、厂房、劳力，并由中方管理，服装的原、辅料全部由日方提供，产品全部返销日本。

1991年1月，中外合资浙江茉织华制衣厂正式投产。第一批产品完工后，松冈走进仓库检查。根据国际惯例，每加工100件服装必须提供102件的原料辅料，允许有2%的差错率。而松冈在与其他中国企业合资时，100件原料、辅料只能完成95件，另5件被企业用于打通关节送人或自己穿。松冈虽对此极为恼火，但却也无奈。可是这次，当松冈在仓库检查时却惊奇地发现，该厂却是100件服装的原料、辅料做出了102件！连允许2%的损耗也没有！松冈笑了。这笑颜马上带来了更大更多的投资，松冈制衣公司、罗马制衣公司、洁成制衣公司、安洁拉制衣公司、阳湖制衣公司等等。通过松冈的关系，日本、韩国等商人纷纷与他合作，几年间先后创办了18家合资企业。

企业投产当年，国外订单就源源不断。这一年，茉织华共

生产服装180万件，创汇1361万美元，一跃成为浙江省创汇龙头企业，企业利润614万元。李勤夫由此赚到了自己真正意义上的"第一桶金"，为后来的可持续发展打下了基础。

1993年，他偶然获悉国家税务总局要印刷增值税发票，可是造币总公司因为没有设备而无法承接这笔业务。他马上与外商签了一份进口有关设备的合同，找到了国家税务总局。可是增值税发票与钱币都是由国家控制承印的，别说乡镇企业，就是国有企业也无法问津。可是他却认为，既然国家暂时还没办法完成此项工作，而这一工作又是必需的，我有这个能力，为什么不能做？他说通了有关领导，于是投资1800万美元的莱织华印刷有限公司成立了。他又把邮电部拉进来合作。邮电部的介入又使他接到了特快专递的印刷业务。这样，他的印刷公司承揽了全国三分之二的邮政特快专递和三分之二的增值税发票的印刷业务，1994年产值达到1亿元，当年就盈利3000万元。在帮助成功者赚钱的同时，他也发了大财，他的企业从500元起家，到1996年总资产已达12亿元人民币。

为别人创造了财富，也就为自己赢得了机遇。所以陈丽华说，企业家要懂得"舍得"的哲理。李勤夫的每一步，无不是站在别人的肩膀上攀登，在与别人分享利润时壮大自己。而在全球经济一体化的浪潮中，中国将成为世界的加工厂，合作将制造出最多的机遇。而"攀龙附凤"是白手起家者最便捷的成功捷径。

机遇是一次次的积累

乔治·爱利渥特说："人类假如不能利用机遇，机遇就会随着时光的波浪流向茫茫的大海里去，而变成不会孵化的蛋了。"

现在，很多人特别重视自己在生活中所处的位置和各种处境，过分地计较工作的条件和报酬。他们无法面对冷酷的现实，更无法突破环境和条件的局限和束缚，长期在失意和卑微中徘徊。在这种情况下，一个人必须坚持自己精神的独立和顽强的追求，突破环境的局限，开辟自己的路。如果不是坚持走自己的路，一个人即使在顺境中也会平庸无能，一事无成。

中国资深传媒人士杨澜说过："万无一失意味着止步不前，那才是最大的危险。为了避险，才去冒险，避平庸无奇之险，值得。"

1865年，美国刚经历了南北战争的浩劫，人民取得了胜利，废除了农奴制度，但伟大的总统林肯被刺身亡，胜利的美

国人民沉浸在欢乐和悲痛交织之中。

有着高瞻远瞩眼光的钢铁大王卡内基看到自己的机遇来了，他深信经历了这场战争以后，美国经济的复苏是必然的，经济的发展一定会刺激钢铁的需求。于是他义无反顾地辞去铁路部门待遇优厚的工作，把自己主持的两大钢铁公司合并为联合制铁公司，并让他的弟弟汤姆创立匹兹堡火车头制造公司并经营苏必略铁矿。

时势又赋予了卡内基大好的机遇，加利福尼亚州刚刚并入美国，美国政府打算在那里修一条横跨大陆的铁路。卡内基克服了重重困难发展钢铁，还买下他人与钢铁公司有关的专利。

但到了1873年，美国的经济大萧条到来了，金融业陷入了瘫痪之中，各地的铁路工程支付款被中断，现场施工被迫停止，铁矿山和煤矿都相继停业，连匹兹堡的炉火也熄灭了……

在如此困难的境地，卡内基却反常人之道，他打算建造一座钢铁制造厂，还成功地让摩根注入了股份，结果，建厂成本比他原先估计的还便宜许多，这令卡内基兴奋不已。

到了1881年，他又和焦炭大王费里克达成合作，双方各投资一半组建F·C费里克焦炭公司。这一年，卡内基以他自己的

三家制造企业为主体，又联合了许多小焦炭公司，成立了卡内基公司。

后来，卡内基兄弟的钢铁产量占全美钢铁产量的七分之一，卡内基公司逐步迈向垄断型企业。

卡内基敢于反常人之想，敢于发现，也敢于利用逆境促成的良机，抓住了逆境特有的有利因素，走向事业的成功之巅。

其实，人在生活中有成功也有失败。然而，传统观念使人们只注意从失败中吸取教训，而不注意对成功的研究，所以失败在人的心理上留下的印痕更深。如果一个人接二连三的失败，就会给他的心理造成冲击，觉得自己一文不值，会把生活中的一些阴暗面无限放大，从而陷入悲观失望的消极情绪中不能自拔。而与一般人正好相反的是，成功者总能从消极与危机中看到积极的因素，因此也总能获得常人难以取得的回报。

一个人的位置和处境并不是最重要的，而往哪里走、走什么路才是最重要的。有了这个信念，你才能突破环境与条件的局限，走自己的路。

1964年，在美国俄亥俄州辛辛那提市有一处十分破旧的平民住宅区，很多人不喜欢住在这么一个脏乱破旧的地方，所以它变成了一个几乎无人居住的地方，房东也因此不能收到租

金，只好宣布破产拍卖。

对于这处衰败的居住区，没有人对它感兴趣。这令房东十分苦恼，他四处打探新的买主，急着把破烂房子处理掉。

只有一个人认为机遇难得，相信这个地方一定会有利可图。于是，他向银行贷款，一举买下了这个不被人们看好的平民住宅区。作为新主人的他，详细地分析了原业主经营失败的根源，他对此做了大幅度的改进。为了能使它增值，他又把它做抵押，再次贷款来修整改建。然后，他把这处房产放盘出售。

仅一年，他就净赚了500多万美元。由于这次所尝到的甜头，他对这一行信心倍增，又不停地寻找机遇。

1973年，他在报纸上看到一个消息，宾州中央铁路公司因资不抵债。而导致无法运行，只好申请破产。铁路公司把其旗下的金库多酒店放盘出售，在当时，金库多酒店所处地理位置相当优越，很多商人都竞相购买，但他们一看到很高的价码便偃旗息鼓了。但他毫不退缩，认为这个处于黄金地段的酒店，一定会带来丰厚的商业利益。于是他毫不犹豫地贷款1000万美元，购得了这家酒店。然后，他又把酒店作为抵押，贷款8000

万美元，对酒店进行了全面的装修改建。

经过装修改建完后的酒店对外营业，每年的净利润就达3000多万美元，三年之后，他不但还清了所有的贷款，而且属于他的财富也滚滚而来了。

他就是美国地产大王唐纳德·特朗普，他的辉煌业绩举世瞩目。如今的他，拥有庞大的事业，如巨型超级市场、五星级酒店等等，拥有数十亿美元的财富。

机不可失

一个好的机遇可以给奋斗者带来意想不到的成功，这是毋庸置疑的，机遇是属于每一个人的，并不是只属于少数有天赋的人的。人的一生中，从来没有机遇光临的情况是极少见的，但是机遇很珍贵，关键是你如何在它到来时抓住它，不让它溜走。

力帆集团的尹明善是在60多岁的时候开始创业，其旗下的力帆集团主营发动机、摩托车。

尹明善，出生于1938年，新中国成立后很长一段时间里人们填表格都要填家庭出身，尹明善的这一栏里要写"地主家庭"。因而，1979年以前，尹明善的生活似乎一直在为这种"原罪"付出艰辛。"政治上有问题"的人大家都敬而远之，孤独然而聪明的尹明善深深地埋在书本里。直到1979年1月4日，《人民日报》发表的评论员文章《完整地准确地理解知识分子政策》才使尹明善的命运发生历史性的转折，使他可以堂

堂正正地做人！这一年，尹明善41岁。

41岁起步，实在不能算是年轻，所幸，尹明善抓住了此后很偶然的两个机遇。

1985年底，尹明善离开涉外公司，下海创办了重庆职业教育书社，成为重庆最早的二渠道书商。半年后，他编辑发行的第一套书《中学生一角钱丛书》在全国一炮而红。这套丛书不仅切合中学生上知天文、下知地理的课外学习需要，定价也是量着中学生的荷包而定，一本才一角钱，因此颇受中学生欢迎。尹明善一下子就赚了60万！这对一个两袖清风，一文不名的穷书生来说，已是非常巨大的一笔财富了。自然，创意为尹明善带来财富，但是他是如何突破出版行业的市场进入壁垒的呢？这就要从那两个很偶然的机遇说起。

1982年，重庆出版社恢复，尹明善前往应聘，成为出版社编辑，并很快大受重用。在重庆出版社当普通编辑时，尹明善拿到了一本书稿：《侦察心理学》。这是一本可以为心理学界和侦察学界提供借鉴的书。当时刚刚改革开放，书刊出版管理得比较严，没有权威部门的认同，这本书可以说完全没法出版，甚至可能再次被扣上"政治错误"的帽子。但尹明善初生

牛犊不怕虎（他一直把19岁落实政策那一年视作自己18岁的开始），自告奋勇地跟出版社领导说："我来。"他决定直接到国家公安部侦察处，找中国最高的侦察权威们，说服他们支持这部书稿的出版。

到北京之前，尹明善连公安部大门向哪开都不知道。他跑到图书馆找了一大堆侦察学、心理学方面的书，自我感觉能说出点道理来了，就直接踏上了北上的列车。到了公安部，他就跟一帮人探讨起了相当专业甚至有些艰深的侦察心理学。在权威们面前，他口若悬河，头头是道，权威们大受感动，"不容易啊！"他们不仅为这部书稿写了很详尽的审稿意见，还非常热心地为尹明善出主意联系有关部门。尹明善很顺利地就拿到了所有需要的东西，最重要的是，获得了出版此书的机遇。

1984年，在苏州召开了一次由社长总编出席的会议，出版社领导临时派尹明善去参加。结果他在会上发表的对出版改革的演讲，不仅获得了满堂掌声，还引起了当时的中宣部出版局局长的重视。于是，大会主办者又请尹明善做了一次发言，除了大会指定的发言之外，尹明善是唯一获得两次发言殊荣的人，而且他当时既不是总编，也不是社长。

这两次机缘为尹明善后来的发展打下了基础，后来他下海当书商，在政策和营销上能够走得通，都与此有相当大的关系！他也坦承这一点："不然，我根本不可能拿得到执照啊，渠道之类的。"

偶然的机遇积累的人脉帮助尹明善赚到了人生的第一桶金。那个几乎只要有激情、有胆量就能一夜暴富的年代，造就了一大批"刘十万""杨百万"，但草莽终究在风光三五年后消失，而尹明善却能逃脱此命运。为什么呢？就是因为他利用这第一桶金又挖到了下一桶金。他的下一桶金为他奠定了事业的方向，而此间抓住的又一个机遇使尹明善的企业突飞猛进，迅速壮大，7年后就达到了行业的巅峰。

1989年，尹明善已经成为重庆最大的书商。因为太顺，所以他开始反思，这个职业尽管在全国正烽火连天、活跃异常，但已是一眼见底。就当时的形势而言，它注定是一个长不大的行业，于是他决定改行。1992年，尝试过香烟、百货、摩托车配件等多种生意的尹明善注册成立了轰达车辆配件研究所，启动资金20万元，散兵游勇9个人，在租来的不到40平方米的生产基地，他雄心勃勃地告诉每一个人，我们要造全国没有的发动

机。当时，尹明善甚至"连摩托车轮子怎么转都搞不清"，是重庆"摩托帮"里的一个不入流的角色。

最初，轰达车辆配件研究所做的事情是把建设集团维修部的发动机配件买过来，自己装配成发动机再卖出。到1994年，尹明善有了500万，这应该是他从事摩托行业的第一桶金，但或许由于来得过于投机，他更愿意把1995年卖100毫升四冲程发动机赚得的1600万视作其"摩托帮"生涯的第一桶金。

有了500万资金垫底，尹明善狠下心拿出50万来搞开发，3个月后大功告成，全国第一台100毫升四冲程发动机成了力帆的专利。现在看来，100毫升四冲程发动机实在是简单得不能再简单，但当时就是没人造得出来！那时，嘉陵的机器只有70毫升，建设80毫升，江苏有100毫升的，但却是两冲程的。因此消息刚一传出，就有一个叫李小林的打来电话说要买8万台，手下赶紧向尹明善报告。尹明善当时一笑了之，说："可能吗？肯定是在吹牛。"还有李小林这个名字，给他的感觉就是个乳臭未干的毛头小伙，因此完全没当回事。但两三天后，李小林就直接到重庆来了，此人是浙江钱江摩托董事长林华中的副总。一番交谈后，李小林邀请尹明善到浙江，正式签订了包销合

同。1995年，力帆所有的100毫升四冲程发动机都直接提供给钱江，钱江保证购买8万台。

　　1994年，力帆一共生产发动机2万台，钱江一下子就要买8万台。1995年，尹明善卖了8万台发动机给钱江，一台赚200元，仅这一个品种就赚了1600万元。尹明善在摩托生涯中堂而皇之地赚到了第一桶金。尝到了甜头以后，1995年，尹明善又投入100万元，历时半年左右，搞出了100毫升电启动发动机。当年投放市场，仅9~12月，销量就达到6万台，又赚了1500万元。从此，力帆集团突飞猛进，迅速壮大。

　　应该说，尹明善的100毫升四冲程发动机能够"远嫁"浙江温州是有很大的机缘成分在内的。当时力帆完全就是一个小作坊，比排名百来名的钱江稍大一点，但在全国摩托车企业中也是排不上号的。然而，钱江雄心勃勃要做大，一心要找全国没有的机型，正好力帆造出了全国第一台100毫升四冲程发动机，双方一拍即合。后来，两家迅速壮大，在行业内举足轻重。所以，尹明善说："若非钱江慧眼识英雄，力帆或许就没有今天，这也是机缘巧合啊。"

珍惜每一次做好事的机遇

劳伦斯说："一个人若能对每一件事都感兴趣，能用眼睛看到人生旅途上、时间与机遇不断给予他的东西，并对于自己能够胜任的事情决不错过，在他短暂的生命中，将能够撷取多少的奇遇啊。"

有位成功人士曾这样说过，"机遇犹如梯子两边的侧木，本人的拼搏奋斗犹如梯子中间的横木，两者兼有，才能成为攀向成功的梯子。"麦克斯韦尔定律说："任何事情都看似很难，实质不难；任何事情都比你预期的更令人满意；任何事情都能办好，而且是在最佳的时刻办好。"

李维·施特劳斯是德国犹太人，他在家乡本来有一份由家族世袭的稳定工作，可是他对这份工作已经厌倦了，于是就跟着两位哥哥远渡重洋来到美国，加入到淘金的队伍中。

然而，现实并非李维想象的那样遍地是黄金，而是遍地都

是淘金人。看来靠淘金发财太难了。李维想：做生意或许比淘金更能赚到钱。于是，他就开了一家卖日用品的小店。

犹太人在做生意方面有着极高的天赋，李维也不例外。虽然是在异国他乡，但李维凭着自己的勤奋好学，很快就掌握了在美国做生意的窍门。他的小店生意还真不错。

有一天，一位来小店买东西的淘金工人和李维聊天时说："你这儿的帆布质量不错，如果做成裤子，很适合我们这种人穿。你知道，我们现在穿的工装裤都是棉布做的，很快就磨破了，如果用帆布做成裤子，一定很结实，很耐磨……"

听到这里，李维取出一块帆布，带着这位淘金工人来到了裁缝店，让裁缝用帆布为这个工人赶制了一条短裤——这就是世界上第一条帆布工装裤。就是这种工装裤，后来演变成世界服装——牛仔裤。

那位矿工拿着帆布短裤高高兴兴地走了。李维此时想的是：立即加工帆布工装裤！

果然，大量的订货单雪片似的飞来，李维一举成名。帆布短裤一生产出来，就大受淘金工人的热烈欢迎。这种裤子的特点是结实、耐磨，穿着也舒适。1853年，李维成立了"李维帆

布工装裤公司"，大批量生产帆布工装裤，销售给淘金者。

就有满足顾客的需求，才能继续发展，否则，就会在弱肉强食、优胜劣汰的市场中失去优势，甚至一败涂地，李维对此心知肚明。因此，从帆布工装裤上市时起，他时时考虑顾客的需求，不断地对产品进行改进。

就是在产品非常畅销、市场供不应求的状态下，李维仍然不断地对顾客进行调查研究。工地上蚊子多，为了避免工人们受蚊虫叮咬，李维将短裤改成长裤；为了让工人们的裤子能装更多东西，李维在裤子的不同部位多设计了两个口袋等。

这些改进让矿工们非常满意，李维裤因此受到了更多矿工的欢迎，生意非常红火。其实，有些发明是靠偶然的灵感成功的！就像帆布工装裤一样，如果没有那个淘金工人的一番话，哪会有如今风靡世界的牛仔裤呢？

偶然的灵感都是有心人创造出来的。他们善于抓住那一瞬间的"电光"，做出震惊世界的举动。成功者的过人之处就在于能紧紧抓住很多偶然的机遇，做出惊人的成就。

生理学家贝弗里奇说过："机遇只偏爱那些有准备的头脑的人。"为什么有的人眼看着机遇到来却又让它溜走了，而有

　　的人却抓住了这一珍贵的机遇呢？这就是因为有的人在机遇到来之前无所事事，碌碌无为，而有的人却认为到处都是机遇，只要有充分的准备，就能发现机遇。就像李维一样，淘金不是赚钱的唯一选择。无论是淘金挣来的钱还是卖水挣来的钱，抑或是卖帆布裤子挣来的钱，价值都是一样的，何必一定要淘金？

　　由此，我又想起了"墨菲定律"，这个定律告诉我们："任何事情都看似容易，实质很难；任何事情所费时间都比你预期的多；任何事情都会出差错，而且是在最坏的时刻出差错。"当机遇真的来临时，幸运只会眷顾那些真正做好准备的人。能否把握机遇，是决定人生能否成功，是否走向辉煌的关键点。

第二章

抓住瞬间的机遇

机遇源于生活

机遇在我们的周围到处都有，自然界的力量愿为人类服务。从遥远的蛮荒时代起，闪电就永无休止地袭击森林，想以此来引起人类对电的注意，电可以替人类完成枯燥乏味的、甚至永不可想象的任务。由此，可以从我们身上开发上天赋予的能力。这种能力都处都有，重要的是有敏锐的眼光来发现。

机遇与我们的人生事业休戚相关。在人的一生当中，有时候一个偶然的机遇可能让你走上康庄大道，从此平步青云，财源滚滚。然而，现实生活中的人们却又总是在感叹为什么别人有那么好的机遇，而自己没有？也就有了那些人，他们不从自身找原因，而是怨天尤人！

那么，我们怎样才能找到机遇呢？首先，我们要观察世人有何种需求，也就是我们所说的市场开发；然后，想尽办法去满足这些需求。每发现一个需求，就有一个市场由此而生，一

个机遇便来到你的面前，你所要做的就是张开双臂去拥抱这个机遇。但是，切记需求必须源于生活。一项让烟在烟囱中逆行的发明固然精妙无比，但对人类生活毫无用处。华盛顿的专利局里装满了各种构思巧妙造型别致的装置，但几百个里只有一件对世人有用处。尽管如此，仍有许多人醉心于这类无益的发明，直到搞得家徒四壁。

需求源于生活，成功的机遇源于生活。一个善于观察的男人发现自己的皮鞋鞋眼被拉了出来，然而他买不起一双新鞋。于是他想到："我要做一个可以镶到皮革里的金属圈。"想到做到，于是一个来源于生活的机遇被他牢牢地抓在手中。此前，他穷困潦倒，但是，就靠这项瞬间的发明，他成了一位富翁。成就大事业的人并非都是财大气粗之辈，"王侯将相，宁有种乎？"第一台轧棉机是在一个小木屋里制造出来的；第一辆汽车是在一座教学的工具室里组装完成的；收割机诞生于一间小小的磨坊；爱迪生早在做报童时，就已藏在火车行李车厢内开始了他的试验。

我们不可能人人都像牛顿、法拉第、爱迪生那样有伟大的发现，也不可能人人都成为亿万富翁。然而，我们可以抓住平凡的机遇并使之不平凡，进而使我们的人生变得更壮丽。我们

下面要谈到的海星集团总裁荣海创造的"西部奇迹"就是在这样的条件下创造的。

1988年6月末，荣海与几位同事策划创办的"西安海星计算机控制与接口技术研究所"，在西安市兴庆路开张了。由于当时荣海的身份还是西安交大讲师，不能任法人，执照上的法人只好填上岳父的名字，名称则来自复旦大学诗刊《海星星》，因为他在复旦读研究生时在那里发表过诗作。

当时，研究所设在一间车库里，不足60平方米的库房被一分为二，外间摆几张工作台，台上置几台计算机算作门面，里间有一个小小的经理室。开办费来自于荣海在学校当教师时兼职做工程赚的3万元钱。

第一份合同得来并不容易。炎炎夏日，荣海和伙伴们骑着自行车四处找客户，但没有人愿意把像样的计算机工程交给这个一无名气、二无背景的小公司做。听说一家银行营业室需要计算机处理系统，为取得好感和信任，荣海将这家银行修理电器的活儿无偿地包揽起来，两个月后第一份合同签订了！

但是，荣海真正的转机在3年后才来临。1991年5月，康柏公司代表来到西安，希望委托一家国营计算机公司做代理商，而这家公司迟迟不能决策，康柏最后抱憾而去。荣海认为机遇来了，当即乘飞机追到深圳，接受了康柏提出的苛刻的代理条件。

但是，首次启动资金110万美元，荣海到哪儿弄啊？但荣海回到西安时，却丝毫没把自己的焦虑挂在脸上，而是精神抖擞地告诉他的员工：海星已经成为康柏在西北地区的唯一总代理了，公司协商要在兰州、武汉设立办事处。荣海知道他的员工现在太需要激励了！

和银行合作使他赢得了康柏代理权。6个月后，荣海做了1300万美元的销售额，公司盈利800万元人民币。从此，海星成为康柏的金牌代理商。市场的繁荣，康柏的支持，海星人用勤奋和努力实现了企业的原始积累，成为中国IT产业的第一集团。

回望前程，荣海将自己的人生分为如下三个阶段。17岁下乡的那段知青生活，他经历过没米下锅、没油点灯的日子；经历过饥肠辘辘躺在树下数星星的夜晚；也曾经历过深山砍柴连人带柴滚到山下的劳苦日子……可正是这山乡野村的土地，赋予了他乐观的精神和理想主义情怀。第二阶段是大学时光。他有幸选择了计算机这个未来最具前途和发展潜力的专业，并且在当时冲破传统观念，在计算机这个领域开始了有前途的创业。第三阶段是做企业家的阶段。在这个阶段就是抓住一次难得的机遇，成为美国康柏电脑的中国总代理，使企业顺利地在短时间内完成了超亿元的资本原始积累，使海星站在了企业发展的一个比较好的起点上。

没有康柏，或许就没有荣海的现在。但只有康柏，或许就没有荣海的未来。荣海后来坚持做自主品牌，坚持走多元化发展的道路。这是因为在未来问题上，不做自有品牌将失去很大的主动性；只做代理品牌，全部的命运掌握在别人手上，一切都是别人说了算。对于荣海来说，分分合合，因时而异，而自己也随之悄然壮大。

"机遇只偏爱那些有准备的人。""有准备"包括很多的内容，而见识和胆略是其中最基本的一项内容。有见识和胆略的人才有可能抓住机遇，而缺乏见识和胆略的人即使机遇频频向他招手，他也经常视而不见，就算看见了也不会抓住。善于抓住机遇的人，具有敏锐的目光，机遇一出现，他就立刻出手。因而，机遇永远只属于醒着的人。对于那些不够清醒的人来说，只有在回忆中才会发现机遇在哪里，对于这样的人，机遇永远不会垂青他们。

荣海坐飞机到深圳追康柏，机遇是自己抢来的。所以能否抓住机遇，还取决于个人的心理素质。福海集团总裁罗忠福认为，一般而言，善于抓住机遇的人都比较注意自我的发展，有较高的成就欲；反之，那些缺乏自我发展的欲望，没有远大志向的人，往往难于抓住机遇！此外能否抓住机遇还在于是否有强烈的竞争欲望。机遇总是与人的强烈进取心联系在一起的，缺乏与他人竞争的勇气，以弱者自居，不敢与强手较量的人，是抓不住机遇的。

利用好每一次机遇

艾略特说："对于不会利用机遇的人，时机又有什么用呢？一个不受胎的蛋，是要被时间的浪潮冲刷成废物的。"

培根说过："机遇老人先给你送上他的头发，如果你没抓住，再抓就只能碰到他的秃头了。"机遇是不会花费气力去找寻那些浪费时间、一点儿准备都没有的人。因为在机遇看来，那些只顾偷懒的人是不可能获得成功的，所以机遇也就不去照顾他。正因为这样，在很多人看来，机遇好像总是落在那些忙得无暇照料自己成就的人身上。就逻辑而言，机遇似乎应该找那些时间充裕的人，但事实上，机遇总是在不经意间悄悄地来，悄悄地去。

世界上有很多不幸的人，当机遇向他们叩门时，他们却视而不见、充耳不闻，因为他们正躺在床上睡大觉呢！所以，机遇也就不会垂青他们。

罗忠福是一个被机遇青睐的人，同时也是一位善于抓住机遇的人，是在机遇面前永远醒着的人。

1968年底，年仅17岁的罗忠福被分配到贵州极为偏远的大山中，去走与工农相结合的道路。那地方可以说是中国当时最为贫困的地区之一，挑一担水要走几十里山路。有时，一个月都吃不上一口粮食，只靠仅有的瓜菜充饥。罗忠福并不怕苦，却不甘心自己年轻的生命永远被埋没在大山里，他要抗争，要抓住命运的机遇，要为自己争出一个新的世界。艰苦的生活磨灭不了他与命运斗争的智慧与意志。

一天，省城一位记者来大山采访知青生活，这是一个改变罗忠福命运的机遇。他要做一件事，一件能在大山里引起400多名知青注目的大事。罗忠福用当时仅有的10元钱买了一桶红漆，在记者到来的日子，罗忠福跑到他们必须要经过的山路悬崖上用粗绳把自己坠下，在峭壁上写下了五个鲜红的大字"毛主席万岁"。

这一伟大的壮举，正好被路过此地的省报记者看到并拍了下来，于是，罗忠福出了名，成为先进典型。

罗忠福这一举动无论在任何时代看来都是一种投机行为，似乎是一种荒唐的投机。然而，正是这种投机行为才使他与众

不同。

可以说，罗忠福在悬崖上的表演，真正表明了他的过人之处，他很善于捕捉机遇，所以迟早要脱颖而出。因为在那个人人都浑浑噩噩、人云亦云的年代，他却睁大眼睛四处寻找机遇，创造机遇，而不是消极地等待机遇。他的"投机"就是投准机遇，可以说是抓住机遇，也可以说是见缝插针，总之就是要使自己成功。看准时代特征，掌握大势，找准机遇，善于捕捉，这样做下去，自然会获得成功。

罗忠福回遵义探亲，无意中看到城里有人以9角钱1斤的价格收购槐树籽，不禁想起自己插队的大山里到处是槐树籽，"何不让农民们收集槐树籽后，以3角1斤的价格卖给自己，然后再运出来卖？"大山里的农民做梦也没想到世世代代烂在山沟里的槐树籽还能卖钱，纷纷进山去采集。罗忠福预备了一条大麻袋，每收满一袋树籽，就利用回遵义的机遇运进城卖掉，时间一长也慢慢地积累了不少钱。

这一次成功后，罗忠福决定再试试自己的运气。他看到当地农民不会使用化肥肥田，因而化肥在当地根本没有市场。于是，他自己先从遵义城里买回化肥，施在自己的自留地上。几

个月后，他种出的南瓜、水稻和萝卜都丰收了，不仅产量大增，而且果实饱满。周围不用化肥种地的村民们羡慕极了，都来向他要肥料，罗忠福乘此机遇做起化肥生意。这不仅帮助了周围的乡亲，而且自己也在赚钱。到返城时，他手里已有了1000多元的存款，这在当时可是一笔巨款，而且是绝无仅有的！

罗忠福在农村的这些作为，受着时代大环境的影响和限制，他得等待机遇。在这种时候，即使他有再大的能耐，也只有一步一步来。首先，罗忠福苦等调动工作的机遇，即招工机遇。在当时，每个知青都盼望着端铁饭碗。1972年，罗忠福终于被招入遵义一家国营厂当学徒。由于勤奋好学，善于钻研，他很快就成了青工中的佼佼者，被吸收到工厂的技改小组，他协助高级工程师们一起搞了许多技改项目。

尽管罗忠福干得不错，但工厂显然束缚不住他。他具有经商素质。罗忠福那种眼观六路、耳听八方的能力使他时时关注着更加广阔的天地。为此，他订了许多份报纸，每天潜心钻研国家的经济政策和社会发展趋势。罗忠福觉得不能再在工厂这样干下去了，尽管他已经快要被提升为车间主任了。"我的理想是从商！"他义无反顾地做出这样的决定。他每天都要把报

纸仔仔细细地看过，从中分析国家的政治和经济动态，敏锐地抓住从商机遇。罗忠福的辉煌成功就是来自于他这种善抓机遇的本事。后来，他做起生产、销售沙发的买卖，积累起了自己的最初资本。

从某种意义上说，机遇是实力、是准备、是需要！可能碰到机遇只是刹那间！这样来看，令人捉摸不定的机遇其实并非毫无规律可言，善于把握机遇也并非富豪们与生俱来的能力，而是他们的一种财富品质。这正如吴一坚所说："人生机遇很多，尤其是年轻人，都有这种机遇。

现在的年轻人，追求欲望、实现欲望的心态很强烈，尤其是占有欲望大过他实际的创造，这很可能使年轻人在个人品质塑造与社会发展整体需要方面发生脱节。所以，我认为一定要有非常健康的心态。"

第一，面对这种机遇时代，年轻人一定要正确地对待在机遇时代的履行过程中所经历的种种阶段，而不能简单地以既得利益的心态或一时成败的心态对待这种机遇，要做到"得亦淡然，失亦淡然"。

第二，希望年轻人学会尊重财富。这种"财富"不单是指金钱，还指社会财富，比如，环境、城市功能、各种人文文

化都属于社会财富。因为很多年轻人忽视了这些问题，他们在追求自己的财富的同时，损害了更多的社会财富，包括社会公德、法律、法制，而这些是人类社会发展积累出来的财富，是很重要的。我们要学会尊重这些财富，要清醒地去认识它。现在很多年轻人在这些方面的意识很薄弱。

第三，在个人行为方面，年轻人要用法律准则来要求自己。健康的社会是一个法治的社会，这个社会要靠每一个人尤其是年轻人来维护和遵守，而不是怎样去躲避它，或者怎么样去钻法律的空子。

作为一位企业的最高领导者更要如此。你要研究企业如何生存的问题，要随着信息时代的变化和要求来改进企业，要有"攻"的精神和很强的进取心，必要时敢于冒风险。毕竟在机遇与风险的挑战面前，有准备的头脑从不放弃搏击的机遇。我们要知道，机遇是挑战！在商场上，机遇更是一种决定成败的关键因素。

主动为自己创造机遇

海伦·凯勒说："成千上万的小事落在我们的手心里，各式各样的小机遇每天发生，它都留给我们自由运用和滥用，而它依旧默默走它的路，一无改变。"

在我们拼搏的过程中，一次偶然的机遇，就有可能改变我们的命运。一次偶然的机遇，会导致一个伟大的发现，使科学家一举成名；一个突如其来的机遇，会使有的人大展才华，做出一番惊天动地的大事业，从而名扬中外。机遇就是这样的令人不可思议，但主要是看我们如何去把握。

曾长期担任菲律宾外长的罗慕洛穿上鞋时身高只有1.63米。原先，他与其他人一样，为自己的身材而自惭形秽。年轻时，也穿过高跟鞋，但这种方法始终令他不舒服——精神上不舒服。他感到自欺欺人，于是便把它扔了。后来，在他的一生中，他的许多成就却与他的"矮"有关，也就是说，矮倒促使他成

功。以至他说出这样的话："但愿我生生世世都做矮子。"

1935年，大多数的美国人尚不知道罗慕洛为何许人也。那时，他应邀到圣母大学接受荣誉学位，并发表演讲。那天，高大的罗斯福总统也是演讲人。事后，他笑吟吟地怪罗慕洛"抢了美国总统的风头"。

更值得回味的是，1945年，联合国创立会议在旧金山举行。罗慕洛以无足轻重的菲律宾代表团团长身份，应邀发表演说。讲台差不多和他一般高。等大家静下来，罗慕洛庄严地说出一句："我们就把这个会场当作最后的战场吧。"这时，全场登时寂然，接着爆发出一阵掌声。最后，他以"维护尊严、言辞和思想比枪炮更有力量……唯一牢不可破的防线是互助互谅的防线"结束演讲时，全场响起了暴风雨般的掌声。后来，他分析道：如果大个子说这番话，听众可能客客气气地鼓一下掌，但菲律宾那时离独立还有一年，自己又是矮子，由他来说，就有意想不到的效果。从那天起，小小的菲律宾在联合国中就被各国当做资格十足的国家了。

从这件事之后，罗慕洛认为矮子比高个子有着天赋的优势。他认为，只要我们有了全新的视角，就能发现身边到处是机遇。我们必须学会在大多数人看来缺乏机遇的地方找到充足的机遇。

　　无论从事任何行业，都充满无限的机遇，只是受人们的视角影响而已。例如失败者的借口通常是："我没有机遇！"他们将失败的理由归结为没有人垂青，好职位总是让他人捷足先登。而像罗慕洛这样勇于创造机遇的人则绝不会找这样的借口，他们不等待机遇，也不向领导哀求，而是靠自己去创造机遇，他们深知唯有自己才能拯救自己。

心态决定机遇

美国人卡耐基说："我们多数人的毛病是，当机遇朝我们冲奔而来时，我们兀自闭着眼睛，很少人能够去追寻自己的机遇，甚至在绊倒时，还不能见着它。"

每一个渴望幸福和成功的人都有着别人不可能知道的一个秘密，而这个秘密就是他们拥有及时发现机遇，把握机遇，发挥优势，进退自如，能够在不利的条件下脱颖而出的能力。正因为他们具有把握机遇的良好心态，所以他们始终认为自己是命运的主宰，他们的人生是由他们自己的灵魂来领导的，而不是受他人所支配的。

人们常说"天赐良机"，又说"谋事在人，成事在天"，机遇，它是上天给予人间少数幸运儿的礼物。但在现实生活中，机遇是靠争取得来的成功的钥匙。得到机遇，不靠天赐，而在人为。

　　8岁的富兰克林·罗斯福是一个脆弱胆小的男孩，脸上总显露着一种恐慌不安的神情。他呼吸就像喘粗气一样，在课堂上，如果被老师喊起来背诵，他立即会双腿发抖，嘴唇颤动不已，回答得含糊且不连贯，然后颓废地坐下来，如果他有好看的面孔，也许就会好一点儿，但他却是龅牙。

　　像他这样的小孩，自我感觉一定很敏感，很容易变成回避任何活动，不喜欢交朋友，只知自怨自艾的人！

　　但罗斯福却不是这样，他虽然有些缺陷，却保持积极的心态，有一种积极、奋发、乐观、进取的心态，这种PMA激发了他的奋发精神。

　　他的缺陷促使他更努力地去奋斗，他并未因为同伴对他的嘲笑而降低了勇气，他喘气的习惯变成一种坚定的声音。他凭借坚强的意志，咬紧自己的牙床使嘴唇不颤动来克服他的惧怕。他不因自己的缺陷而气馁，甚至加以利用，变其为资本，变为扶梯而爬到成功的巅峰。在他晚年，已经很少有人知道他曾有严重的缺陷。就是凭着这种PMA，罗斯福终于成了美国总统。

　　他的成功是何等神奇、伟大，然而其先天所加在他身上的缺陷又是何等的严重，但他却能毫不灰心地干下去，直到成功

的日子到来。

像他这样的人，如果停止奋斗而自甘堕落，则是相当自然而平常的事！但是罗斯福却不这么做，假使有什么可怜的地方，他也从不让朋友们来可怜他。他从来不落入自怨自艾的罗网里，这种罗网害过许多比他的缺陷要轻得多的人。没有人能想象这位受到爱戴的总统，竟会有如此悲哀的童年以及如此伟大的信心。

假使他极为注意身体的缺陷，或许他会花费许多时间去洗"温泉"，喝"矿泉水"，服用"维生素"，并花时间航海旅行，坐在甲板的睡椅上，希望恢复自己的健康。

他不把自己当作孩子看待，而是使自己成为一个真正的人。他看见别的强壮的孩子玩游戏、游泳、骑马，做各种极难的体育活动时，他也强迫自己去参加打猎、骑马、玩耍或进行其他一些激烈的活动，使自己变为最能吃苦耐劳的典范。他看见别的孩子用刚毅的态度对付困难，克服惧怕的情形时，他也用一种探险的精神，去对付所遇到的可怕的环境。结果，他也觉得自己勇敢了。当他和别人在一起时，他觉得他喜欢他们，并不愿意回避他们。由于他对人感兴趣，从而自卑的感觉便无从发生。他觉得当他用"快乐"这两个字去接待别人时，就不

觉得惧怕别人了。

在罗斯福未进大学之前，他通过自己不断地努力，有系统地运动和生活，将健康和精力恢复得很好了。他利用假期在亚利桑那追赶牛群；在洛基山猎熊；在非洲打狮子，使自己变得强壮有力。有人会疑心这位西班牙战争中马队的领袖罗斯福的精力吗？或是有人对他的勇敢发生过疑问吗？然而千真万确，罗斯福便是那个曾经体弱胆怯的小孩。

罗斯福使自己成功的方式是何等的简单，然而却又是何等的有效！这是每个人都可以做到的。

罗斯福成功的主要因素在于他的信念和他的努力奋斗。他那积极的心态激励他去努力奋斗，最终从不幸的环境中找到了成功的秘诀。

从罗斯福的成功历程可以看出，心态是一个人能够实现每次机遇的关键，它影响着人们的人际关系，以及事业的成功。

具有好心态的人，是不会放过任何成功机遇的，他们都能全心全意地去做好每一件事。就像一个具有好心态的学生，他会十分乐于主动学习，而不是只求过关；具有好心态的工人，会尽力把工作做好，而不只求应付；具有好心态的丈夫或妻子，遇到困难的处境，能够以更有效的方式处理，使夫妻关系更稳固；具有好态的医生，能够更善于帮助患者克服疾病。

心态决定机遇。一点儿也没有错，面对两个条件相同的体育选手，教练必然会选择心态好的那个上场。雇主选择员工，任何人选择配偶，也都是同样的道理。

好机遇来源于好心态

约翰·麦斯威尔说："千万不要低估态度的力量，因为它足以反映真实的自我。它源于体内，展现于外。它是我们最好的朋友，也是最可怕的敌人。它比语言更坦白、更真实，它是决定我们吸引人或引人憎恶的关键。唯有表现于外，它才会感到满足。它是我们过去的记录者、现在的代言人，也是未来的预言家。"

有一个人在集市上卖气球，这些气球有各种各样的颜色。每当买的人少的时候，他就放飞一个气球。当孩子们看见气球升上去时，就都想买一个。这样，卖气球的人的生意就又好起来了。这个人一直重复着这个过程。

一天，他感到有人在拉他的衣服，他转过身来，只见一个小男孩在问他："如果你松开一个黑色的气球，它也会飞起来吗？"卖气球的人和蔼地说："孩子，不是气球的颜色使它飞

起来，使它飞起来的是里面的气体。"

我们在生活中也是如此。成功与否，是我们的内心世界在起作用，使我们努力前进，一步步走向成功的内部动力正是我们的态度。

许多人都说"心态"比"机遇"、比"事实"更重要，这是没有错的。根据研究，能不能找到工作，能不能找到好的工作，与心态有85%的关系。不幸的是，人们提到现代年轻人的心态时，几乎千篇一律都是指坏的心态。事实上，如果一个人拥有一个好的心态，他就容易获得好的机遇。

有个小女孩，长得又矮又瘦，永远穿着一件又灰又旧且不合身的衣服。于是，老师将她排除在合唱团之外。

这个小女孩躲在公园里伤心地流泪。她反复问自己："我为什么不能去唱歌呢？难道我真的唱得很难听吗？"

想着想着，小女孩就低声唱了一支又一支歌，直到唱累了为止。

"真好！唱得真好！"这时，一个声音在小姑娘的耳边萦绕，"谢谢你，小姑娘，你让我度过了一个愉快的下午。"

小女孩惊呆了！

说话的是一位满头白发的老人，他说完后站起来就走了。

第二天，小女孩再来时，那老人还是坐在原来的位置上，满脸慈祥地看着她微笑。于是，小女孩又唱起来。老人聚精会神地听着，一副陶醉其中的表情。最后他大声喝彩，并说道："谢谢你，小姑娘，你唱得太棒了！"说完，他仍走了。

这样过去了很多年，小女孩成了大女孩。她长得美丽窈窕，而且是有名的歌星。但她忘不了公园靠椅上那个慈祥的老人！一个冬日的下午，她特意去公园找老人，但她失望了，那儿只有一张小小的孤独的靠椅。后来才知道，老人早就去世了。

"他是个聋子，都聋了20年了！"一个知情的人告诉她。

姑娘惊呆了，那个天天屏声静气聚精会神听一个小女孩唱歌并热情地赞美她的老人竟然是一个聋子！

"我是自己命运的主宰，我是自己灵魂的领导！"这句诗告诉我们：因为我们是自己态度的主宰，所以自然会变成命运的主宰。态度会决定我们将来的机遇，这是放之四海而皆准的定律。

父亲欲对一对孪生兄弟做"性格改造"，因为其中一个过分乐观，而另一个则过分悲观。一天，他买了许多色泽鲜艳的新玩具给悲观的孩子，又把乐观的孩子送进了一间堆满马粪的车房里。

第二天清晨，父亲看到悲观的孩子正泣不成声，便问："为什么不玩那些玩具呢？"

"玩了就会坏的。"孩子仍在哭泣。

父亲叹了口气，走进车房，却发现那乐观孩子正兴高采烈地在马粪里掏着什么，他问："你在干吗呢？"

"告诉你，爸爸。"那孩子得意扬扬地向父亲宣称，"我想马粪堆里一定还藏着一匹小马呢！"

所以，乐观者与悲观者之间的差别是很大的，乐观者看到的是甜甜圈，悲观者看到的是一个窟窿。我们在成长过程中一定要调动自己的积极性，必须讲究思想上的学习，讲精神力量。先进的思想是一种巨大的推动力，它能够推动人们去积极努力地工作。在调动自己积极性的过程中，注意提高对一些问题的认识，充分发挥精神力量的推动作用，这是激发自己工作热情和工作积极性的一条重要的途径。

在充满竞争的职场里，只有自己才能帮助自己建立信心，激励自己更好地迎接每一次挑战。激励是一种自我心理行为，也是一种理念，让人向上，让人进取，助我们走向成功。

人生重要的不是处于何种状态，而在于怀抱什么样的境界和依托。这就是人生密码的本质所在！

　　一位老和尚，他身边聚拢着一帮虔诚的弟子。这一天，他吩咐弟子们每人去南山砍一担柴回来。弟子们匆匆行至离山不远的河边，人人目瞪口呆。只见洪水从山上奔泻而下，无论如何也休想渡河打柴了。无功而返，弟子们都有些垂头丧气。唯独一个小和尚与师父坦然相对。师父问其故，小和尚从怀中掏出一个苹果递给师父说：过不了河，打不了柴，见河边有棵苹果树，我就顺手把树上唯一的一个苹果摘来了。后来，这位小和尚便成了师父的衣钵传人。

　　对智者和强者来说，关注摸到一手什么样的牌，远不如关注怎么打好手中的牌更为现实。

　　能在顺境中自觉设置炼狱，又能在逆境中从容舔舐伤口，还能在平常之境拒绝平庸的人，才是真正的智者、真正的强者、真正的英雄！

　　爱默生这位妙笔生花的作家，曾经热烈地推崇乐观主义。然而在我们的眼里，他的生活甚至还没有我们平常人的平安和幸福。他在几年的时间里，先后经历了妻子、儿子、兄弟相继病倒或去世。但他没有因为生活的打击而有所改变，他虽然也

有过悲痛，但却仍挚爱着生活，所以生活中的痛苦并没有影响到他的创作和他崇高的信念。他拥有着乐观的心态和豁达的人生态度。我们要想生活得快乐和幸福，首先要相信，我们来到这个世界上就是为了要过卓有成效的生活，这一点很重要！这一信念会发展成为一种态度和习惯，并以此来对待生活和对生活的种种做出反应。我们可以快乐地生活，而且深信我们可以拥有这种人生境界。

机遇藏在逆境中

人在逆境，生不逢时，意志坚强者发愤努力，不时改变着环境，机遇将不断出现；意志薄弱者却只能抱怨环境，无为而终。逆和顺是矛盾的两个方面，逆境可以使机遇夭折，也可以使机遇出现；顺境理应为机遇出现提供良好的条件，但搞得不好，同样也可以使机遇夭折。

人生的境遇有两种，一种是顺境，一种是逆境。在顺境中顺流而上，抓牢机遇，或许每个人都能够做到。但面对逆境，许多人却纷纷败在阵下，在逆流中舟沉人亡。

事实上，任何逆境里边都孕育着机遇，而这种机遇的潜能和力量都是十分巨大的。那些善于抓住机遇的老手，十分乐于在逆境中生存，因为他们知道，逆境将把他们推向又一个更高的起点。

大约在一个半世纪以前，在法国里昂的一个盛大宴会上，

来宾们就某幅绘画到底是表现了古希腊神话中的某些场景，还是描绘了古希腊真实的历史画面，而展开了激烈的争论。看到来宾们一个个争得面红耳赤，吵得不可开交，气氛越来越紧张，主人灵机一动，转身请旁边的一个侍者来解释一下画面的意境。

结果，这位侍者的解释令所有在座的客人都大为震惊。因为他对整个画面所表现的主题做了非常细致入微的描述，他的思路显得非常清晰，理解非常深刻，而且观点几乎无可辩驳。因而，这位侍者的解释立刻就解决了争端，所有在场的人无不心悦诚服。

"请问您是在哪所学校接受教育的，先生？"在座的一位客人带着极其尊敬的口吻问这位侍者。

"我在许多学校接受过教育，阁下，"年轻的侍者回答道，"但是，我在其中学习时间最长，并且学到东西最多的那所学校叫作'逆境'。"

这个侍者的名字就是让·雅兴克·卢梭。

早年饥寒交迫的生活，使得卢梭有机遇成为一个对生活有着深刻认识的人，尽管他此时只是一个地位卑微的侍者，然

而，那个时代和整个法国最伟大的天才让·雅兴克·卢梭的名字，和他那闪烁着人类智慧火花的著作，像暗夜里的闪电一样照亮整个欧洲。

艰难困苦才是最为严厉而又最为崇高的老师。人要获得深邃的思想，或者要取得巨大的成功，就要经受这些挫折和磨炼。同时我们可以看出，人在机遇出现的过程中，顺境和逆境往往是交错出现的。今天碰到的顺境，明天有可能就成为逆境。所以，要想抓住机遇，必须能够在顺境中扬帆鼓浪，能够在逆境中避短就长。

那么，为什么逆境也能够产生机遇呢？因为顺境和逆境在一定的条件下是可以转化的。环境本身是无情的，但也是公正的，它对所有人都一视同仁。环境虽然不以人的意志为转移，但是人对于环境却有主观能动性。每个人都可以努力去改变环境，到一定时候，逆境也可能转化为顺境，也就是说人在逆境的情况下，也可能获得成功的机遇。

南宋绍兴十年七月的一天，杭州城最繁华的街市失火，火势迅猛蔓延，数以万计的房屋商铺置于汪洋火海之中，顷刻之间化为废墟。有一位裴姓富商苦心经营了大半生的几间当铺和珠宝店也恰在那条闹市中。火势越来越猛，他大半辈子的心血

眼看要毁于一旦，但是他并没有让伙计和奴仆冲进火海，舍命抢救珠宝财物，而是不慌不忙地指挥他们迅速撤离，一副听天由命的神态，令众人大惑不解。

然后，他不动声色地派人从长江沿岸平价购回大量木材、毛竹、砖瓦、石灰等建筑用材。当这些材料像小山一样堆起来的时候，他又归于沉寂。整天品茶饮酒，逍遥自在，好像失火压根儿与他毫不相干。

大火烧了数十日之后被扑灭了。但是曾经车水马龙的杭州，大半个城市已经是墙倒房塌，一片狼藉。不几日，朝廷颁旨："重建杭州城，凡经销建筑用材者一律免税。"于是杭州城内一时大兴土木，建筑用材供不应求，价格陡涨。裴姓商人趁机抛售建材，获利巨丰，其数额远远大于被火灾焚毁的财产。

所以，任何危机都蕴藏着新的机遇，能否有效地利用危机，让危机转化成有利的一面，是成功的一大关键。

其实，在我们每个人的一生中，随时都会碰上急流和险境，如果我们低下头来，看到的只会是险恶与绝望，在眩晕之中失去了生命的斗志，使自己坠入地狱里。而我们若能抬起头，看到的则是一片辽远的天空，那是一个充满了希望，并让我们飞翔的天地，我们便有信心用双手去构筑出一个属于自己的天堂。

在逆境中成长

培根说："当危险逼近时，善于抓住机遇迎头冲击它要比犹豫躲闪它更有利。因为犹豫的结果恰恰是错过了克服它的机遇。"

人生就如一次远航，在远航的途中总会遇到各种各样的风浪。有时是月黑风高，有时是波浪滔天。只有那些勇敢的水手，才能把所有的风浪踩在脚下，最终驶达目的地。

但是，对于生活中的一两次失败，我们还可以从容面对，当我们遭到一连串的打击之后，就会渐渐地怀疑自己。而当我们的头脑中出现怀疑的思想时，我们的信念也会慢慢地动摇，直到最后，精神垮掉了。于是我们选择了放弃。

但凡是有成就的人，他们都有着强烈的信念，也有着坚定的自信心。无论遇到多大的困难，他们也不会怀疑自己。他们以信念为帆，信心为桨，一步步划向成功的彼岸。

法国著名作家罗曼·罗兰就是因为逆境而改写了自己的一生。1892年，罗曼·罗兰与巴黎上流社会的小姐克洛蒂尔特·勃来亚结婚。由于社会地位不同，思想基础不一样，到1901年初两人离异，结束了同床异梦的痛苦生活。

在告别了上流社会，经历了一段刻骨铭心的痛苦经历后，罗曼·罗兰终于沉下心来开始了他梦寐以求的文艺创作。他一个人住在简陋的公寓里，埋头写作，历经三年，发表了《约翰·克利斯朵夫》的第一卷，又过了九年，终于完成了这部鸿篇巨制。试想，如果没有这段痛苦的婚姻，罗曼·罗兰怎能有日后辉煌的成就呢？

所以，当你遭到别人的拒绝或是否定时，不要再怀疑自己。"群众的眼睛是雪亮的"这话没错，但有时真理也会掌握在少数人的手里。有时，不是你没有能力，而是缺少一双发现你的眼睛。只有你具有充分的信心，并不断提高自己的能力和提升自己的价值，别人才可能把你当成宝石看待。

史泰龙有一个不幸的家庭：母亲是个酒鬼，父亲是个赌徒。父亲在赌场上输了或是母亲喝醉了酒，就会拿他出气。所以从小他就是在父母的拳打脚踢中长大的。因此他面相很不

好，学习成绩也很差。高中辍学之后，他便在街头当混混。

在史泰龙20岁的时候，他被一件事情刺激，猛然觉醒了。他觉得自己不能再这样下去，不然将会像他的父母一样。他决心要过一种全新的生活。但是他没有什么特长，经过一番深思熟虑之后他想到了当演员，因为当演员不需要文凭、不需要本钱，而一旦成功，却可以名利双收。

但是，这条路也并不好走。他没有经验，也没有经过任何专业训练，而且相貌也很一般，所以没有人愿意用他。他不停地找明星、找导演、找制片……找所有一切可能使他成为演员的人。但是，他遭到的却是一次次的拒绝。只是他心中有一种强烈的信念，那就是一定要获得成功！身上的钱花光了，他便找一些杂活以维持生计。两年里，他遭受到1000多次拒绝。

如果是别人，在遭受这么多的失败之后，或许就会怀疑自己，或许就会放弃。但史泰龙没有，他当时只有一个念头，那就是一定要成功！当然，他也有过彷徨，也有过无奈，也曾因为陷入绝望而失声痛哭。但一切过后，他便又重新振作起来。

他意识到自己这样做是没有效果的，于是就采取了一种"迂回前进"的策略。在好莱坞的两年时间里，每一次拒绝都

是一次口传心授,一次学习,一次进步,这让他具备了写剧本的基础知识。他开始自己写剧本,待剧本被导演看中后,再要求当演员。

但是,这条路并不平坦。导演们的普遍反映就是剧本不错,但当主角没门。于是,又是一次次的被拒绝。直到最后,在他遭到1300多次拒绝后的一天,一位曾经拒绝过他20多次的导演被他的执着精神所感动,同意给他一次机遇。机遇,只要一次就够了。史泰龙成功了,他的第一部电视剧就创下了当时全美的最高收视纪录。

是金子总会发光的!但是有一个前提条件,那就是你相信自己"是块金子"。当你遭到一次次打击之后,你是否可以像史泰龙那样坚信自己的价值。可能我们大多数人都做不到,如果是我们遭到了1000多次的拒绝,可能早就放弃了。但是,成功有时需要的就是一种坚持,一种自信,一种百折不挠的精神。所以,只要你相信自己的价值,那么总有一天,你会遇到一双发现你的眼睛。

如何利用好机遇

　　每个有志成为抓住机遇的人，不应因生不逢时而让成功的机遇敬而远之，也不应因为命运的磨难而让成功的机遇埋没掉。在我们面前出现的逆境只是在人生道路上所必然遭到的困境，它是完全可以摆脱和克服的。

　　一个有志之人不应因逆境而丧失志向，而应该认识逆境、研究逆境、突破逆境，一步步改善自己的条件，认清自己发展的途径，那么成功的机遇是可以实现的。乐观者与悲观者的区别在于乐观者在每次危难中都看到了机遇，而悲观的人在每个机遇中都看到了危难。一位哲人说："你的心态就是你真正的主人。"一位伟人说："要么你去驾驭生命，要么是生命驾驭你。你的心态决定，谁是坐骑，谁是骑师。"人生成败，在乎一心！失败者的最大败因，就在于他们总抱着失败的心态去面对一切。冷漠、忧虑、自卑、恐惧、贪婪、嫉妒、猜疑、悲

观……如同一道道"心墙"，阻隔着他们追逐成功的步伐。

春秋时期，吴王阖闾带兵进攻越国。在战斗中被越国大将砍中右脚，伤重不治而死。他的儿子夫差继承了王位。三年后，夫差为报父仇，带兵攻打越国，一举攻下越国的都城会稽，迫使越王勾践投降。夫差把勾践夫妇押解到吴国，关在阖闾墓旁的石屋里，为他的父亲看墓和养马。

勾践忍受了许多折磨和屈辱，才被吴王夫差释放回国。他一心报仇雪恨，日夜埋头苦干，重新积聚力量。为了激励自己，他在日常生活中特别定了两条措施：一是"卧薪"，晚上睡觉时不用垫褥，就躺在柴铺上，提醒自己，国耻未报，不能贪图舒服；二是"尝胆"，在起居的地方挂着一个苦胆，出入和睡觉前，都拿到嘴里尝一尝，提醒自己不能忘记会稽被俘的痛苦和耻辱。这就是"卧薪尝胆"一词的由来。

勾践不仅"卧薪尝胆"，还常常扛着锄头掌着犁下田劳动，他的妻子也亲自织布，在吃穿上都很朴素，和百姓同甘共苦。经过长期艰苦奋斗，上下一心，越国终于翻了身，利用时机起兵灭了吴国。

　　后来世人常用"卧薪尝胆"的故事警醒自己。其用意并非强调报仇雪耻，也不是当真要挂起苦胆来尝一尝，而是比喻为了达到一个目的而刻苦自励，激励自己奋发图强。

　　在一个人成长的道路上，既有顺境，也有逆境，不可能走的都是广阔平坦的道路。一帆风顺的成功者在历史上是很少的，更多的成功者反倒是在逆境中探索前进的。

　　富兰克林在贫困中奋发自学，刻苦钻研，进取不息，成为近代电学史上的奠基人。高尔基曾在老板的皮鞭下，在敌人的明枪暗箭中，在饥饿和残废的威胁下坚持读书、写作，终于成为世界文豪。可见，成功人士们或是煎熬于生活苦海，或是挣扎于传统偏见，或是奋发于先天落后，或是发奋于失败之中，他们最终成功的秘诀就在于朝着既定的目标，砥砺于各种难以想象的困难之中，奋战逆境，知难而上，终于成为淬火之钢、经霜之海。反之，这些人如果无法在逆境中生存，又怎能获取成功的机遇呢？当一个人事事都不顺，遭人鄙弃而仍能坚持的时候，是最能显示人把握机遇的时候！

　　爱迪生研究电灯时，工作难度出乎意料的大，1600种材料被他制作成各种形状，用做灯丝，效果都不理想，要么寿命太短，要么成本太高，要么太脆弱，工人难以把它装进灯泡。

全世界都在等待他的成果，半年后人们失去耐心了，纽约《先驱报》说："爱迪生的失败现在已经完全证实，这个感情冲动的家伙从去年秋天就开始电灯研究，他以为这是一个完全新颖的课题，他自信已经获得别人没有想到的用电发光的办法，可是，纽约的著名电学家们都相信，爱迪生的路走错了。"英国皇家邮政部的电机师普利斯在公开演讲中质疑爱迪生，他认为把电流分到千家万户还用电表来计量是一种幻想。人们还在用煤气灯照明，煤气公司竭力说服人们："爱迪生是个吹牛不上税的大骗子。"就连很多正统的科学家都认为他在想入非非，有人说："不管爱迪生有多少电灯，只要有一只寿命超过20分钟，我情愿付100美元，有多少买多少。"有人说："这样的灯，即使弄出来，我们也点不起。"虽然外界如此中伤恶评电灯研究，但是爱迪生不为所动，继续摸索研究。在投入这项研究一年后，他造出了能够持续照明45小时的电灯。

或许你往事不堪回首；或许你没有取得期望的成功，或许你失去了至爱亲朋，失去工作，甚至家庭，或许你因病不能工作；意外事故剥夺你行动的能力，然而，即使你面对这一切的不幸，也不能屈服！因为这些还不能够成为你命运失败的理由。

你或许认为，你经历过太多的失败，再努力也没有用，你几乎不可能取得成功。这意味着你还没有从失败的打击中站立起来，就又受到了打击。这简直毫无道理！

　　只要永不屈服，就不会失败。不管失败过多少次，不管时间早晚，成功总是可能的。换言之，就是身处逆境中的人，只要你有一颗执着之心，逆境在你的眼里，也会成为一种机遇。

每个人都有成功的机遇

美国人卡耐基说："当机遇呈现在眼前时，若能牢牢掌握，十之八九都可以获得成功而能克服偶发事件，并且替自己找寻机遇的人，更可以百分之百地获得胜利。"

尼采曾把他的哲学归为一句至理名言：成为你自己。的确，一个人只要成为属于自己的自己，就能创造成功的机遇，就能放飞心灵，坚定不移，抱着积极的人生信念，创造一个又一个的成功。

张其金自己说："我是如此的努力，我是如此的怀有理想，我是如此的对自己充满信心，我是如此的聪明，我是如此的以诚待人，我是如此的谦逊，我没有不成功的理由。"我记得当他对我说完这句话的时候，我笑了，在心里暗想，"你既然具备如此多的优点，为什么现在还不成功呢？"可是，接着我又听到了他的言论："我为什么现在不成功，因为我还没有成功的机遇，我不是富翁的儿子，我不是政治家的儿子，我是从大山里走出来的儿子，大山里的儿子要走向成功，必须勤奋，必须努力，还需要怀有理想，对自己充满信心，克服一个个的困难，不断地为自己创造成功的机遇。"

　　在我们的生活中，有多少人，总是在抱怨自己成长的环境不好，却没有看到环境比他差的人通过自己的努力走向了成功。

　　所以，在我们的人生旅程中，我们要追求一种有益的生活，要不断地为自己创造走向成功的机遇，只要我们拥有强烈的成功愿望，我们就可以创造一些条件，去实现心中的夙愿。

时刻准备着

一个渴望成功的人是不会害怕和躲避问题的，相反，他会为了解决问题找到各种方法，而且能够把一个接一个的危机转化为成功的机遇。因为在他们看来，他们在处理危机的过程中，只要自己准备妥当，就可以迎接机遇的到来，使自己走向成功的殿堂。

有些人只知一味地苦干，当别人取得了成绩时，还抱怨自己的运气不好，可又有谁真正想过：为什么人家成功了，不是人家运气有多好。人家付出了多少，你又付出了多少？机遇永远是留给有准备的人，其实，机遇并不会莫名其妙地从天而降。任何一个机遇的来临，往往都是因为自己过去的努力所致。

他是一个生长于贫困山区的小男孩，从小因为营养不良而患有软骨症，在6岁时双腿变成"弓"字形，而小腿更是严重萎缩。然而在他幼小心灵中一直藏着一个除了他自己，没人相信

会实现的梦——有一天要从山区走出来，并让城市里的人都认识他。

我记得他说过这样一句话："我最敬慕的人是我的父亲！因为他有一个心愿，就是让大山里的人都走出去，并能抬起头来面对城市。"然而命运是这样的不幸，我的父亲为了我的脚病最后病逝了，父亲最后对我说的话让我牢牢记在心里，他说："孩子，虽然命运让你变成了这样，但你不要悲观，你要勇敢地面对未来，你要为自己今后的路做出选择，我一辈子最大的希望是让我们大山里的人能走出去，但现在我不能继续走下去了，我希望你能去完成我没有完成的事。"

他21岁时，有一个投资者带着一笔数目不小的资金进入了这个大山，也是这个投资者给他带来了机遇，让他有了走出大山、走出贫穷落后的机遇。那天他大大方方地走到这位投资者的跟前，朗声说道："你好，先生，我能和你谈谈吗？因为我能为你带来很大的利益。"

投资者和气地向他说了声谢谢。年轻人又说道："如果你能让我代表你在这儿投资，我想你会更加容易些。"

投资者转过头来问道："那这是为什么呢？"

年轻人摆出一副神态自若地表情说道："因为我是大山里的人，我知道这里的一切，同时这里的每个人都认识我，而且我得到了他们大多数人的认同。"

投资者十分开心地笑了，然后说道："你真的不简单。"

这时年轻人挺了挺胸膛，眼睛闪烁着光芒，充满自信地说道："虽然我不是一个身体正常的人，但我心里永远有一个理想，那就是通过走出这里，为这里带来幸福，让这里也和城市一样。让所有的山里人都向往我们这里，而且我相信我能做到！"

听完年轻人的话，这位投资者微笑着对他说道："好大的口气！年轻人，你叫什么名字？"

年轻人笑了笑说："我的名字很简单，大家都管我叫刘伦。"

这次的谈话使得刘伦最终走出了大山，也为投资者带来了更大的利益，而且他也让大山里的环境得到了改变。

在我们为实现自己人生价值的历程中，我们先必须认真地去做，自己给自己创造机遇，然后我们还必须以永不放弃的精神执着地去做，只有当我们扎扎实实地做了，我们离自己的人生目标也就越来越近了，成功也就水到渠成了。

从前，有一位才华横溢、技艺精湛的年轻画家，早年在巴

黎闯荡时却默默无闻、一贫如洗。他的画一张都卖不出去，原因是巴黎画店的老板只寄卖名人大家的作品，年轻的画家根本没机遇让自己的画进入画店出售。

成功似乎只是一步之遥，但却咫尺天涯。谁知过了不久，一件极有趣的事发生了。每天画店的老板总会遇上一些年轻的顾客热切地询问有没有那位年轻画家的画。画店老板拿不出来，最后只能遗憾地看着顾客满脸失望地离去了。

这样不到一个月的时间，年轻画家的名字就传遍了全巴黎大大小小的画店。画店的老板开始为自己的过失感到后悔，多么渴望再次见到那位原来是如此"知名"的画家。

这时，年轻的画家出现在心急如焚的画店老板面前。他成功地拍卖了自己的作品，从而一夜成名。

原来，满腹才华的画家当兜里只剩下十几枚银币的时候，他想出了一个聪明的方法，他用钱雇用了几个大学生，让他们每天去巴黎的大小画店四处转悠，每人在临走的时候都询问画店的老板：有没有他的画，哪里可以买到他的画？这个聪明的方法使画家声名鹊起，因此才出现了上面的一幕。

这个画家便是伟大的现代派大师毕加索。毕加索为什么能

成功呢？其原因在于他在过去的岁月中，始终在寻找着成功的机遇，他在寻找成功的过程中，总是时刻准备着，让自己保持最佳状态，以便机遇出现时可以紧紧地抓住，不让它溜走。

不是每一块金子在哪里都会发亮的，譬如，当它还埋在沙土中时。同样，也不是每一位有才华的人就一定会飞黄腾达。当机遇不至的时候，怨天尤人是无济于事的。这时，不妨学一学毕加索，动一动脑筋，想一个聪明的办法来创造自己的机遇。那么，成功说不定也就不期而至了。

发现机遇就不放手

英国人雪莱说："人不能创造时机，但是可以抓住那些已经出现的时机。"

对成功者而言，机遇无处不在。只要我们发现了机遇，就应不失时机地充分调动自身资源，不放手，成功就是我们的。当然，这不仅在于成功者在寻常状态下对机遇有全方位的嗅觉，还在于他们善于挖掘危机中的机遇，其中包括把涉及所有人，也包括我们自己身上所存在的危机，能够变成属于自己的独特机遇。

今天我们饱受电视、网络及日常生活中各种信息的轰炸，因而有许多心锚在不经意中便形成了。假使你处于强烈状态，不管是好的或坏的，这时再有一个特别的诱因介入，那么你就很可能产生心锚，而这些心锚就能让你在适当的时候捕捉到能够有助于你走向成功的机遇。

不过，我们每个人都有许多的心锚，心锚是思想、观念、感受、心境的综合情结。巴甫洛夫博士做过一个实验呢，他在一群饿狗之前放了一块可见到、可闻到但就是够不到的肉，因而刺激那群狗觉得更饥饿，一下子便流下大量的口水。就在此刻，巴甫洛夫不断地摇着一个有特别音律的铃铛，过一会儿他把肉取走。之后，只要摇铃，便能使这群狗流下口水，犹如有块肉在它们眼前似的。在这个实验里，巴甫洛夫把铃声和狗的饥饿状态或口水连成一个神经链。从此他只要一摇铃，狗的口水便会自然而然地流出来。我们人类同样也有这样的"诱因/反应"现象，因而有许多行为常会不知不觉地表现出来。例如有许多人在有压力的情况下，常会去寻求烟酒或其他东西来减轻内心的压力。从另一个角度也可以说，如果我们能够把握住这一诱因，便是出现机遇的时候。

卡内基是美国一家钢铁公司的老板。他一直想有大的发展，兼并一些大的钢铁公司，但一直未能如愿。后来，美国全国性的罢工越来越多，所有的钢铁企业包括卡内基的公司都受到了强烈的冲击。对一般人来说，这是问题来了。而聪明的卡内基却感到机遇来了，因而采取积极得力的措施，使公司尽快从罢工问题中解脱出来。

　　他积累了处理罢工问题的经验，同时也积极储备资金。在此基础上，他密切注意各个竞争对手的状况，抓住机遇，将这些处于罢工困境中的公司一家家兼并下来。卡内基公司获得了超时代的发展，其钢铁在全国市场上的占有率从1/7一跃达到1/3。不久，他将公司改名为US钢铁公司，成为当时世界上最大的钢铁公司。

　　卡内基的成功，证实了华尔街股市的一句名言："牛（上涨）能赚，熊（下涨）能赚，猪只能进屠宰场。"

　　卡内基的成功告诉我们一个道理：当所有人遇到困难和问题时，只要你能先于他人攻克难关、化解难题，那么，普遍的困难和问题，就成了你超常的独特的良机。

　　在马德里的监狱里，塞万提斯写出了《唐吉诃德》，那时他穷困潦倒，连稿纸也买不起。有人劝一位富裕的西班牙人资助他，那位富翁却说："上帝禁止我去接济他的生活，唯有他的贫穷才能使世界富有。"另外，《鲁滨孙漂流记》《圣游记》，瓦尔德·罗利爵士的《世界历史》也是在监狱中写出来的。

　　音乐家贝多芬在两耳失聪、穷困潦倒之时，创作了他最伟大的乐章；席勒病魔缠身十五年，却写出了他最著名的著作。

为了得到更大的成就和幸福，班扬甚至说："如果可能的话，我宁愿祈祷更多的苦难降临在我身上。"

有一次，莫卧儿的军队被强大的敌军杀得大败，溃不成军。敌军正在大搜捕，莫卧儿躺在一个废弃马房的食槽里，垂头丧气。突然，他看到一只蚂蚁努力扛着一粒玉米，试图爬上一堵垂直的墙。这粒玉米比蚂蚁的身体大许多，蚂蚁尝试了69次，每次都掉了下来，但最后，在第70次的努力中，蚂蚁终于把那粒玉米一直推过了墙。莫卧儿大叫了一声，跳了起来！他也能取得最后的胜利！后来他重建军队，终于把敌军打得四处逃窜，他的帝国也从黑海之滨伸展到了恒河。

只要我们在遇到困难时，能够从一次又一次的挫折和失败之中、一次又一次的迷惘和困苦之中走出来，并且能够产生一种爆发力，就能够走向成功。因为我们的爆发力有多大，我们就能够取得多大的成就。我们的执着力有多大，我们就能做多大的事业。当你足够大时，困难和障碍就微不足道；如果你很弱小，障碍和困难就显得难以克服。

向困难屈服的人必定一事无成。很多人不明白，一个人的成就与他战胜困难的能力成正比。他战胜越多，取得成就越大。

成就平平的人往往不是善于发现机遇、把困难转化为机遇

的天才，而是善于在每一项任务中都看到困难。他们莫名其妙地担心，使自己丧尽勇气。一旦开始行动，就开始寻找困难，时时刻刻等待困难出现。当然，最终他们发现了困难，并且被困难所击败。他们善于夸大困难，缺少必胜的决心和勇气。即使为了赢得成功，他们也不愿意牺牲一点儿安乐和舒适作为代价，总是希望别人能帮助他们，给他们支持。

如果机遇总是不曾垂青他，他总是找不到自己喜欢做的事，那他就承认自己不是环境的主人，他不得不向困难低头，因为他没有足够的力量，也就没有足够的勇气去抓住机遇，那成功也就会离他而去。

第三章

机不可失，时不再来

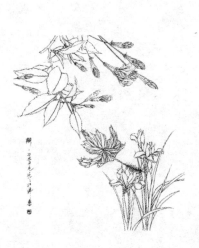

捕获机遇，相机而动

机会来无影，去无踪，需要自己去创造和把握。来的时候不会提醒你，去的时候也不会通知你，我们要时刻去捕获机会，见机而动，这个道理并不难理解，但许多人却令人遗憾地失去了机会。

一位成功者曾经这样说过，事业成功的三大要素是天赋、勤奋和机会。可是，我们如何才能抓住机会呢？这不仅需要我们要具备为成功而长期进行的坚韧、扎实的知识储备和辛勤的劳动，以及在机会到来时的全力拼搏和冲刺。有的人一生中都在等待机会，就像那个守株待兔的农夫一样，期盼着机会、好运能找上门来，但是，当机会迎面而来时，又犹豫不决、患得患失。于是一个又一个机会与他擦肩而过，留下的只有无尽的自责和惆怅。但成功者却不是这样，他们的做事风格是，只要机会一出现，他们就会立即抓住不放，并立即投入行动，最后

取得了成功。

在上海股市，陈荣一向有"资本运作高手"之称。

1984年，陈荣用在10年中积攒的2000多元，在自己的家乡开办了一个小服装厂。6年之后，在刚刚起步的证券市场上，他成功地使10多万投资增值到了1亿元。

1989年夏天，当时还是上海南汇县小商人的31岁的陈荣，揣着12万元来到百里外的大上海。一直到1990年12月19日，上海证券交易所开张的前一天，陈荣手里拿的都是国债和现金。当时包括许多手持百万在内的诸多老炒家都认为，上交所开张，挣大钱的历史性机遇已经结束了。

但是陈荣认为，机遇刚刚开始。他记住了一篇文章，规范中国证券市场需要20年。他记住的另一篇文章说，在香港和台湾，发大财的人主要借助两个渠道，一是房地产，二是股票。从凤凰股份、电真空、小飞乐等"老八股"起，陈荣开始谱写属于他自己的股市神话。甚至在1993年2月到1994年7月的大熊市里，陈荣也挣了钱。但是后来有人总结道："与1994年夏天的大决战相比，所有这些胜利都不过像是为此埋下的伏笔。"

当年6月，上证指数下行至400点上下，已积累下千万身家的陈荣感觉到属于自己的历史性机遇也随之降临了。这时候陈荣已是证券公司的座上宾，他要求透支1∶4。"从买进到反转一共38天。"

痛苦的38天，陈荣回忆说："因为股价低，跌一点跌幅就很大。我认定380点是政策底，但是380点被刺穿，政府一动不动。"陈荣心惊肉跳。

当年7月29日，证券会宣布暂停发行新股等三大政策。8月1日，沪市直接跳高61点开盘，直线上攻。9月1日陈荣交割，他赚了1个多亿。此一役，陈荣在上海股市的超级大户地位从此确立。

1995年，保龄球运动在国内兴起时。陈荣认为，"中国人过不了多久就能打得起保龄球，而且会喜欢这种球艺。"他抓住时机，成了国内最大的保龄球设备制造商。陈荣也就越来越快地成为本地私企中的一颗闪亮的新星。在克林顿访华期间，"中路实业董事长"陈荣作为12位企业家之一，与克林顿共进午餐。就此，陈荣在上海滩的名声远扬股市之外。

"15年来，中路以平均每年资本增长100%的速度超常规发展，无论是宏观调控还是亚洲金融危机都给我提供了更上一层楼的机会。因为我是从逆境中成长起来，喝'熊奶'长大的，

在'熊市'中也能走上发展之路。"

机遇对每个人都是公平的，关键要善于把握。机遇在哪里？国家的政策、重大举措的出台，都意味着新的机遇。如果你能在别人徘徊、犹豫时，抢先出手，你就是赢家。陈荣成功之道，也是20年来众多中国商人快速积累财富的不二法宝。

机会覆盖的范围十分广泛。有的人可能只把机会的定义限在财富上，其实生活中的机会比这个意义要宽广得多。不管你是谁，肯定会时不时碰到挫折，但是你也有机会。从一定意义上讲，你就成了哥伦布，你就成了爱迪生。你探索了，发明了，创造了，也适应了。是谁给你这些权利？是你自己，因为你时刻准备着，时刻在准备着拼搏，所以你就抓住了机遇，你就赢得了成功。

自己创造机会

机会不光是给别人的，还是给你自己的，所以你必须给自己创造机会。一项权威的调查显示，研究人员对20世纪400位成就卓越的人士进行了调查，得出结论：这些名人当中3/4的人在早年遭遇过挫折和打击。但他们却从困难中奋发向上，为人类做出了贡献，自己也最终获得了成功。

这400人中有3/4的人曾与厄运作过顽强的斗争。这是多么有说服力的数据啊！这些人当中有失聪的爱迪生和身残的富兰克林·德拉诺·罗斯福。尽管残疾，他们却从中奋起，抓住了机会，攀上成功的高峰。

中国有句成语说，苦尽甘来。另一句又说，吃得苦中苦，方为人上人。这些都是鼓励人在面对苦难的时候要忍耐，要有个盼望。

是否每一个人都会苦尽甘来，吃得苦中苦的，是否必然

成为人上人呢？事实上也不一定。苦难虽是人生必须面对的经历，但苦后不一定甘来。

苦难，对于弱者是一个深渊，对于强者是一笔财富，对于智者是一个台阶。

无所失去，也就更加无惧。没有当下的满足，也就更懂得眺望。

出生在东北的周福仁，在10岁时就失去了父亲，他母亲带着四个孩子艰难度日。

周福仁说："小时候的苦难生活，至少培养了我两方面的优点——能吃苦和会挣钱。"

他接着说道："论苦干精神，城市里长大的人和我们比不了。我们一直到现在都是这种作风，没把吃苦当作什么事，没有吃不了的苦，只要有工作就去干。吃苦基础打得非常牢。"

周福仁小的时候正碰上国家经济困难。他家因为父亲去世没有劳动力，生活得更加困难，粮食根本不够吃。他家里的房顶是秫秸铺的，很容易漏雨，还要扯上塑料布。屋子里放的，都是农工具，镰刀、斧头、锄头、小镐头等等。因为经常漏雨，屋里地面的中间是凹的，像一道沟似的。夏天漏雨潮湿，冬天屋子里非常冷。一直到周福仁二十七八岁的时候，家里的

房子才换成了瓦房。

他们那里的主食是高粱、玉米、谷子，一般家庭是每年年三十吃一顿大米饭。但周福仁家的生活水平更低，有好多年连一年一顿的大米饭也吃不上。一直到了1975年以后，这种忍饥挨饿的状况才开始有所改变，能吃饱饭了，能吃高粱米了，不用吃谷子面了。

周福仁在四五岁的时候，就跟大人下地干活儿。大人在前边锄地，他挖野菜，挖回家喂猪。7岁的时候上小学了，没有好鞋穿，鞋上补丁太多了，一层一层的好厚，走起路来硌得脚生疼。周福仁就干脆把鞋脱了拎在手上，光着脚走，比穿鞋还舒服一点儿。

小孩也知道适者生存的，怎么得劲怎么走。

"因为家境困难，我立志比较早。小时候就有一个誓言：我要挣钱。人要是没钱，谁都瞧不起。"这种志向很早锻炼了周福仁挣钱的思维，"我从很小的事情做起，一直到现在企业做大了也还是这样。在相同的情况下，做同样的行业，别人赚钱，我们也能赚钱；别人做不下去的时候，我们还能做。"

周福仁10岁以后开始和大他两岁的哥哥一起打柴火，除了

满足家用以外，多余的要卖。上学时就利用早晚的空余时间去打，放假时就整天去打。他说：

"我们那时以做活为主，不像现在的小孩，放假了做作业、校外辅导、补习功课。那时，咱根本想都不能想。哪怕是正常上课的时间，碰到家里有活都不能去上学！放假时更是全身心地投入到劳动上。

"当时卖柴火，一年能挣七八十元钱。在那时这笔钱已经很了不起了！一个强壮劳动力天天上工，一年也挣不到200块钱。我们还是上学的小孩子，等于半个劳动力挣的钱了。对我家来说，这是很大的一笔收入。

"等再长大一点儿，我就开始割草。把野草割了，晒干，卖给生产队，喂牛、喂马。当时，每斤草晒干了卖3分钱，我们小哥俩一年能卖七八千斤，挣一两百块钱，也算是一笔相当大的收入。

"我小时候就会动脑筋挣钱，我想的事情比我哥哥还多。割草都是我去做，因为那时我哥哥已经到生产队上班去了。我割草卖，为家庭挣钱，上学的书本、家里的油盐酱醋，都用这些钱开支。不必花的钱我从来不花，根本没吃过零食。十五六岁了才第

一次吃冰棍，在此之前我根本不知道冰棍是什么样子的。"

　　周福仁只读到初中毕业就没钱读书了，但初中生在那时候已经算高学历了。一个村子念高中的相当少，可能要好几年才有一个，上大学的一个都没有。"跟我一块儿长大的，有很多根本就没念书，或者顶多念个一两年。我已经属于幸运的了，我的哥哥、弟弟、妹妹他们几个都没上初中。"

　　18岁时，周福仁开始在农村上班。

　　1975年，22岁的周福仁被选为生产队长。大家之所以推选他，就是因为大家觉得他在年轻人中间是最会挣钱的一个。"当了队长以后，我懂得给大家挣钱，就这样干了起来。"

　　周福仁对那时事业的描述是"油打底，瓦起家，两辆马车往前拉"。因为当时英落公社有一个化石矿，周福仁就率领大家白天种地，晚上用生产队的两辆马车给石矿运输。

　　老百姓得到了实惠。1974年，队里人均收入67块钱，分值3毛8。周福仁干了1年，两样翻番，人均收入130元，分值7毛4。

　　他说："我这个人的性格就是，什么东西都要突飞猛进，速度比较快。到了后来的工业，还是速度很快！从1988年到1995年，年年翻番，规模小，好翻。不像现在，规模大了就不好翻了。我们现在要求，每年增长60%。这几年基本都实现了，当然也有低潮的时候，是条件不允许。但只要有机会，我们就能把握机会，突飞猛进。"

面对苦难，别怨天尤人。有位西方的哲学家曾说过："如果把世间的苦难都拿出来让你选，你还是宁愿要回你自己那一份。"蜕变后的蝉一鸣惊人，涅槃后的凤凰重获新生，难道经历苦难后的你不是一个新的你吗？看一看所有的成功者们，因为他们无所失去，所以更加无惧；因为没有眼下的满足，他们更喜欢眺望未来；因为吃苦已经成为一种习惯，他们也就更加坚韧和百折不挠。

找准自己的目标

目标是人生的指南针，指引着人们前进的方向。然而，很多人的人生却没有目标，他们总是活在混沌和盲目之中，纵使耗尽精力，也跟成功无缘。人生没有目标，就好比一艘没有罗盘的船，在燃尽油料之后最终也无法抵达彼岸。由此，渴望成功的人应当养成确立目标的习惯，调整自己的步伐，向成功冲刺。

目标会引导你的一切想法，会引导你去捕捉每个机会。你只有通过不断的自我认知，了解自己的能力，运用自己的智慧，最终实现既定的目标。在你建立自尊的同时增强力量和勇气，激励自己去实践、去锻炼。

他是个生长于旧金山贫民区的小男孩，从小因为家庭贫穷，就没有过上一天好的生活，结果由于营养不良而患有软骨症，在6岁时双腿变形成"弓"形，而小腿更是严重的萎缩。然而在他幼小的心中一直藏着一个没人相信会实现的梦，梦想

自己，有一天成为美式橄榄球的全能球员。他是传奇人物吉姆·布朗的球迷，每当吉姆所属的克里夫兰布朗斯队和旧金山四九人队在旧金山比赛时，这个男孩便不顾双腿的不便，一跛一跛地到球场去为心中的偶像加油。由于他穷得买不起票，所以只有等到全场快要比赛结束时，从工作人员打开的大门溜进去，欣赏最后剩下的几分钟。

13岁时，有一次他在布朗斯队和四九人队比赛之后，于一家冰淇淋店里终于有机会和心中的偶像面对面接触，那是他多年来所期望的一刻。他大大方方地走到这位大明星的跟前，大声说道："布朗先生，我是你最忠实的球迷！"吉姆·布朗和气地向他说了声谢谢，这个小男孩接着又说道"布朗先生，你晓得一件事吗？"吉姆转过头来问道："小朋友，请问是什么事呢？"男孩一副自豪的神态说道："我记得你所创下的每一项纪录。"吉姆·布朗十分开心地笑了，然后说道："真不简单。"这时小男孩挺了挺胸膛，眼睛闪烁着光芒，充满自信地说道："布朗先生，有一天我要打破你所创下的每一项纪录。"听完小男孩的话，这位美式橄榄球明星微笑地对他说道："好大的口气，孩子，你叫什么名字？"小男孩得意地笑

了，说："奥伦索，先生，我的名字叫奥伦索·辛普森，大家都管我叫O.J.。"

我们会成为什么样的人，会有什么成就，首先要有梦想。奥伦索·辛普森日后的确如他少年时所说的那样，在美式橄榄球场上打破了吉姆·布朗所创下的所有纪录，同时更创下一些新的纪录。

为何目标能激发出令人难以置信的能力，改写一个人的命运？又为何目标能够使一个行走不便的人成为传奇人物？各位朋友，要想把看不见的梦想变成看得见的事实，首先要做的事便是设定目标，这是人生中一切成功的基础。

18世纪的发明家兼政治家富兰克林在自传中说："我总认为即使一个能力很一般的人，如果有个好计划，他也是会有大作为，为人类做出重大贡献的。"

成功人士总是事前决断，而不是事后补救。他们提前谋划，而不是等待别人的指示。他们不允许他人操纵他们的工作进程。不事前谋划的人是不会有进展的。例如《圣经》中的诺亚，他并没有等到洪水来到才开始制造他的方舟。

目标能帮助我们事前谋划，目标迫使我们把要完成的任务分解成可行的步骤。要想制作一幅通向成功的交通图，你就要先有目标。

目标有大小之分，这里讲的主要是有重大价值的目标。只有远大的目标，才会有崇高的意义，才能激起一个人心中的渴望。

一个人确定的目标越远大，他取得的成就就越宏伟。远大的目标总是与远大的理想紧密结合在一起的，那些改变了历史面貌的伟人们，无一不是确立了远大的目标，这样的目标激励着他们时刻都在为理想而奋斗，结果他们成了名垂千古的伟人。同时一个人要取得巨大的成功，就要确立长期的目标，要有长期作战的思想和心理准备。任何事物的发展都不是一帆风顺的，世界上没有一蹴而就的事情。

有了长期的目标，就不怕暂时的挫折，也不会因为前进中有困难就畏缩不前。许多事情，不是一朝一夕就能做到的，需要持之以恒的精神，必须付出时间和代价，甚至一生的努力。

拿破仑·希尔在《思考与致富》一书中写道："一个人做什么事情都要有一个明确的目标，有了明确的目标便会有奋斗的方向。"这样一个常识性的问题看起来简单，其实具体到某一个人头上，并非就那么容易。

目标，也就是既定的目的地，我们理念中的终点。

聪明的人，有理想、有追求、有上进心的人，一定都有一

个明确的奋斗目标，他懂得自己活着是为了什么。因而他所有的努力，从整体上来说都能围绕一个比较长远的目标进行，他知道自己怎样做是正确的、有用的，否则就是做了无用功，或者浪费了时间和生命。

愚蠢的人，没有什么理想、追求；没有上进心的人，一生便没有什么目标。他同别人一样活着，但他从来没有想过活着有什么意义。

这种人往往凭惯性盲目地活着，从来不追究人生的目的这种让人头疼的事情，他们只是为活着而活着，怎么都可以，对什么都无所谓。

显然，成功者总是那些有目标的人，鲜花和荣誉从来不会降临到那些没有目标的人头上。

许多人怀着羡慕、嫉妒的心情看待那些取得成功的人，总认为他们取得成功的原因是有外力相助，于是感叹自己的运气不好。殊不知，成功者取得成功的原因之一，就是由于确立了明确的目标。

将目标变成现实

雨果说："当一个人陷入了这样一种境地：他不相信某些事必然会发生，只因为他不希望它们发生，而他希望发生的那些事情却永远进步，意味着目标不断前移，阶段不断更新，他的视野总是不断变化的。"

拥有了目标，你只迈出了第一步，最重要的是如何将它变成现实。积极的目标好比意志的催化剂，它能使你的意志发挥最大的效用！

拿破仑·希尔说："没有目标，不可能发生任何事情，也不可能采取任何行动。如果人没有目标，就只能在人生的路途上徘徊，永远到不了任何地方。"生命本身就是一连串的目标。没有目标的生命，就像没有船长的船，这船永远只会在海中漂泊，永不会到达彼岸。

海夫纳1926年出生在一个犹太人家庭，他的父亲在美国的

一家铝制品公司工作，而母亲只是一个家庭妇女，所以家里的收入不算多，一家人的生活也过得很清贫。

转眼海夫纳中学已经毕业了，他也不想再读书了，当时正是第二次世界大战激烈之时，他说服了父母，带上自己的行李应征参军了。

海夫纳是幸运的，1945年二战结束后，完好无缺的海夫纳退役了。由于当时美国规定持有军方推荐的证件，军人可以优先进入大学。海夫纳拿着证明第一次走进了大学。他在大学期间，美国一位姓金的博士发表了关于女性行为的文章，在社会上引起了轰动。海夫纳对金博士的文章也很感兴趣，从此他经常阅读关于女性方面的文章。而且海夫纳现在所做的一切，都为他以后的事业打下了很好的基础。

事实上，我们在许多的书上都会感觉到，犹太人有一种普遍的特性，他们从青少年期间就开始树立自己的人生目标，在以后的日子里将会千方百计地为达到目标而奋斗。

1949年海夫纳大学毕业了，在芝加哥一家漫画公司找到了一份工作，但每月仅有135美元的工资，在当时，他的收入是很低的，所以他仍然住在父母的房子里，甚至结婚后的很长一段

时间没有自己的房子。

因为在美国，男人一般成人后或参加工作后，都会搬离父母家，单独在外居住，可海夫纳收入不多交不起房租，所以只好住在父母家里，因此海夫纳遭到了很多人的嘲笑，可是海夫纳并没有感到悲伤。

对于在心里早就确立了奋斗目标的海夫纳来说，他并不是一个很守旧的人，他在漫画公司工作了一年多后，经过四处寻找，终于找到一家叫《老爷》的杂志聘用他，每月的工资是240美元。其实对于海夫纳来说，他找这份工作的真正原因并非为了多出的100多美元，他的目的是在这家公司学习经营手法和熟悉杂志市场。

1951年的海夫纳已经对《老爷》杂志的运作了如指掌，那时他要求加工资，但老板不答应。于是，海夫纳离开了这家杂志社，开始了自己的创业。他也决定办一种和《老爷》差不多的杂志，要让《老爷》成为过去。可是海夫纳毫无资本来运作杂志社，所以，他的创业成了梦想，让他搁置了起来。为了生活、为了创业，他又到了一家杂志社工作，此时他的工资已经达到了每月400美元。

　　一段时间以后，海夫纳又开始了他的创业路程，这次，海夫纳从父亲那里借了几百美元，另外从银行贷了400美元，加起来刚好1000美元，海夫纳决定了自己的目标，所以决定用这点钱作为本钱，办一本叫《每月女郎》的杂志。由于他在《老爷》杂志那儿得到了很多经验，所以他做起来很顺利，第一期就卖出了5万多册。

　　为什么会这么畅销呢？原来，海夫纳在创刊号就搞了一个大手笔，他把仅有的1000美元中的500美元用来买了一个金发女郎的裸照。大家都知道美国是个自由社会，所以对性的强调达到了令人难以置信的地步，裸照也得到了认可。

　　而且，海夫纳的杂志是以裸照为主的一本画册，正好迎合了美国社会的潮流，所以他的第一本杂志畅销无比。比《老爷》有过之而无不及，因为他比《老爷》更加开放。

　　后来，因为《老爷》杂志的原因，海夫纳把《每月女郎》改成了《花花公子》，海夫纳的杂志非常受欢迎。十多年过去了，海夫纳的《花花公子》杂志达到了发行量的巅峰，每期的销量高达650万册，而此时的海夫纳也成了世界有名的出版界富豪。

　　从海夫纳的例子，我们再结合世界上的所有成功者，就会发现他们都有共同的特点，那就是他们都拥有人生的明确目标规划。为了完成他们的目标，他们反复思考，努力实践，他们在积极地向自己的目标前进时，赢得了精彩的人生。

迈克·约翰逊是美国短跑名将，他为了挑战人类体能极限，遭受了各种挫折，也曾历经两次奥运的失败。但他没有放弃自己成为世界冠军的目标，当他遇到重大挫折时，他会无数次地重复和努力，他相信自己能再次站起来。

他在夺得亚特兰大奥运会400米赛跑冠军时，有位记者这样形容当时的精彩场面。"当枪声响起，他如飞而去，不一会儿就把所有的选手甩在后面。他专心一意地注意跑道，观众的喧哗声似乎从他的耳中渐渐退去，其他的选手好像也不存在了，眼前只剩下他和脚下的跑道，心中有一个自然的节拍在运作着，他全神贯注在目标上。"

如果你认为只有特殊重要人物才会拥有目标，你就永远无法超越平庸的角色。每个人都有梦想的权利，而目标就是我们要实现的梦想。

没有目标，你就不会有进步，也不可能采取任何实践的步骤。且不说人要有长期目标，就拿一件最简单的事来说，假如你在今天没有明确要做的事情，那么，你就会在今天东游，西

逛，稀里糊涂地过完一整天，没有一点儿收获。同样，一个人如果没有目标，没有对人生的规划，那么，他这一生也会像这一天一样，没有任何价值。

一个人若想拥有成功，首先要定义"成功"的界面，这个界面就是目标——一个明确的目标，它是所有行动的出发点。

机会在欲望中诞生

欲望带给人的是无尽的动力，会把人带向成功。只要你执着你的欲望，只要你懂得并且相信自己有能力实现。

当我们回顾历史，便会发现其中的伟大人物之所以有那么惊人的成就，乃是对自己提出了超出一般人的期许。在这个期许尚未实现之前，我们便称之为"梦"，人人都有梦。过去的梦，可能早已被遗忘！如果你还一直保持原先的那个梦，今天的你又会是什么样子呢？

多少人魂牵梦萦，情系往昔，慨叹风雨飘摇，逝者如斯。一些人奋力拼搏，突破了人生困境，最终成为其他人效法的典范。

当你对某个特殊的对象产生浓厚的兴趣，并且激发了进一步获得成功的欲望后，你注意到与此对象有关的人和事奇怪地进入了你的视野，有时甚至显然是强加于你。同样，你发现自己被某个方向所吸引，而你并不知道在哪儿找到与你渴望的对

象相关的人和事、相关的信息以及对象本身所处的环境。而你发现仿佛是你将这些吸引过来的，或你被吸引到了它们面前。

在这种情形下，你会发现周围冒出的全是与你渴望的对象有关联的事件，与之有关的图书、漫画等等，甚至是和其有联系的人以及在其中起重要作用的环境等等。你会发现，一方面你好像位于一个引力中心，将它们全部吸过来，或者另一方面，你被吸到了某个引力中心。而你会发现自己启动了某些微妙的力量和原则的运行，使你与所有与此对象相关的事物产生了关联。

不仅如此，你还会发现如果你对此特殊对象保持了相当长时间的兴趣和欲望时，你便建立起一个漩涡中心。它将不断地扩大影响范围，将相关的任务、事件、环境卷入其中。这便是为何你为你的欲望和兴趣开始行动之后，事情会渐渐变得容易的原因之一。在初始阶段本来需要花大力气的事情到后来像会自动完成一样。在那些凡是激起并保持了强烈的兴趣和持久的欲望而积极地投入某工作的人之中，这是极为普遍的经历，几乎无一例外。

在一个秋天的夜晚，内战刚结束不久，一个无家可归的女人——格洛佛太太在街上茫然游荡，她晃到一位退休船长的夫人韦伯斯特太太家门口，停下来敲门。

门开处，韦伯斯特太太看到一个可怜的瘦小女人，一身皮包骨头。陌生女人解释说，她想找个落脚处歇下来，思考并解决日夜困扰她的问题。

韦伯斯特太太说道："那就在这里留一宿吧！这座大房子里只有我一个人。"

后来，韦伯斯特太太的女婿刚好从纽约来此地度假，发现了格洛佛太太住在家里，当即咆哮说："我可不要一个无赖住在家里！"他把这个无家可归的女人赶出门去了。她在雨里呆站了几分钟，只好在街上找个遮蔽处。

被韦伯斯特太太的女婿比尔·艾利斯赶出去的这个"无赖"，后来竟成为世界上极具思想影响的一位女性：玛丽·贝克·艾迪，后来有几百万信徒，因为她正是基督科学教派的创始人。

当时生活对她而言，只是一连串的病痛、愁苦与悲伤。第一任丈夫，在婚后不久就去世了。后来，她又遭第二任丈夫遗弃。第二任丈夫爱上了有夫之妇后，最后死于贫民窟。她只有一个儿子，可是因为贫病交加，不得不在他4岁时，把他送给别人抚

养，她失去了与她儿子的一切联系，31年来未曾再见过他。

因为自己健康状况太差，几年来她一直对自己声称的"心灵治疗科学"极感兴趣。不过，真正戏剧性的转折是发生在麻省的那一个寒夜里，她一个在街上蹒跚地行走，在结冰的人行道上滑倒，摔得昏迷了。她的脊椎受到重伤，引起全身痉挛。连医生都宣告她快死亡了，即使发生奇迹，她活下来也将终生瘫痪。

几乎是躺在床上等死的玛丽，打开《圣经》，她认为是受到圣灵的引导，使她看到了《马太福音》的一段话："于是，他们带了一位不能行走的人，躺在床上来到耶稣跟前……耶稣对他说：'孩子，平安吧！我已赦免你的罪……站起来——拿着你的床，回家去吧！'于是那人就起身回去了。"

后来她宣称，耶稣的话在她内心产生了一股力量，那是一种真正的信念，一种治愈的力量，使她"立即可以下床走路"。

玛丽说道："那次的经历，引导我发现如何治疗我自己还有别人的方法……我有科学上的把握，认为这都是人内心的力量，是一种心理现象。"

玛丽创造了一种新宗教：基督科学——一位女性创立的伟

大宗教信仰——现在已流行于全世界。

人人都有欲望，但为什么成功的人还是那么少呢？那是因为很少有人产生强烈的欲望。他们满足于纯粹的愿望和淡淡的想法。他们从未体会那种执着的欲望，而那则是成功的总方程式的重要因素之一。他们不知道于溺水者渴望呼吸，沙漠中的迷路人渴望喝水，饥饿的人渴望面包，母亲渴望儿女安康时的那种强烈、持久的要求和"贪婪"的欲望。然而如果了解真相的话，那些伟人们对成功渴望的程度其实经常和这些没有差别。

所以，欲望不仅能使你具备实现欲望的品质和力量，它还能相互吸引你和与欲望相关的一切事物。换言之，欲望之力不仅通过各种可行的方式充分地表达自我，而且还通过你达到它的目的——最大可能程度上的满足和实现。当你在心中激起了全部的欲望之力，并且为之创造了一个强大、积极的影响中心，你便使自然的强大力量在潜意识中无形地行动起来。

明确你的欲望

生活中你的愿望是什么呢？是健康吗？你想要的是财富吗？你渴望幸福吗？如果你能想象你向往的东西，如果你让潜意识坚信你拥有它，你便可以放心地找到获得它的途径，你会觉得心中总是有什么在催促你去做更了不起的事情。它让你不得安宁，毫无偷懒的机会。

欲望是一切行动的动力之源。拥有成功的欲望才有可能找到成功的方向，在欲望指引下走向成功。

虽然人类永远不能做到完美无缺，但是在我们不断增强自己的力量、不断提升自己的时候，我们对自己要求的标准会越来越高，我们也会因此离完美越来越近。

24岁的海军军官卡特，应召去见海曼·李特弗将军。在谈话中，将军非常特别地让他挑选任何他愿意谈的题目。

当他好好发挥完之后，将军就总问他一些问题，结果每每

将他问得直冒冷汗。终于他开始明白：自己自认为懂得很多的那些东西，其实自己懂得很少。

结束谈话时，将军问他在海军学校学习成绩怎样。他立即自豪地说："将军，在820人的一个班中，我名列59名。"

将军皱了皱眉头，问："你竭尽全力了吗？"

"没有。"他坦率地说，"我并不总是竭尽全力的。"

"为什么不竭尽全力呢？"将军大声质问，瞪了他许久。

此话如当头棒喝，给卡特以终生的影响。此后，他事事竭尽全力，后来成为美国总统。

所以你根本无须去战胜什么，你只需去争取什么。虽然我们常常习惯将成功归功于坚强的意志，但实际上归功于我们称之为意图的意志：意图也就是欲望。当人强烈渴望某个事物时，他便会求助于意志和智慧的潜在力量。这些力量在欲望的推动和刺激下会表现出不同寻常的活动以实现欲望。欲望带来力量，欲望本身就是力量。

写作一般都是由的作家花费大量时间和精力去完成的，而1993年秋，宁夏人民出版社却出版了一位只上过小学三年级的农民写的书——《青山洞》。

这部小说的作者是张效友，他1949年出生在陕西省定边县

石洞乡一个贫困的农民家庭，读到小学三年级就辍学了。

1972年，23岁的张效友参加了"四清"工作队。到1978年，6年的时间里，他深深地体验到了农村生活的复杂性和艰难。他有自己的独立看法，却又无法向同伴们诉说，这使他深感压抑，于是决定写小说。他向一位朋友说出了自己的想法，可是朋友却猛泼了他一瓢凉水。朋友认为张效友文化层次太低，写小说没有成功的可能。

张效友却认为苏联的奥斯特洛夫斯基没有文化，却写成了《钢铁是怎样炼成的》，中国的高玉宝没有文化，却写成了《高玉宝》。

从此以后，他白天忙农活儿，晚上在厨房里构思。他定下了一个思路，不太满意，又推翻重来。一点一点地想，一点一点地安排，每一部分写什么事，如何连贯，反复推敲，反复修改。就这样，折腾了两年，他终于把全书的框架基本确定下来了。

但没过多久，麻烦也来了。干农活儿时他心不在焉，心里只想着书，连续烧坏了五台浇灌用的电动机，损失1000多元。为了省时间，他还把责任田以自己三别人七的比例承包给了他人。妻子终于忍无可忍了，1984年9月9日将他的书稿烧掉了。

张效友悲恸欲绝，想要投井自尽，被儿子抱住了双腿。

他一连几个星期被绝望的情绪紧紧困扰。后来，他想自古英雄多磨难，不经历风雨，怎能见彩虹？稿是自己写的，大不了重写！

为了避免重蹈覆辙，他偷偷地将冬天贮藏土豆的菜窖清理出来，躲在菜窖里夜以继日地忘我写作。

后来，妻子病了，他很内疚，决定先放下写作去挣钱。他到西安打工，走进劳务市场，突然觉得灵感勃发、思如泉涌。掏出纸就写。过了一段时间找不到工作，带的钱花光了，不仅没有饭吃，也没有钱买纸和笔，他只好去卖血。最终还是没找到工作，只能"打道回府"了。

回到家里，妻子一气之下抢下他的书包，掏出手稿，扔进了火炉里，几个月的心血又白费了。张效友说："你烧吧，只要你不把我人烧了，你烧多少，我还能写多少。"看到张效友这么坚定，妻子终于被感动了。

张效友40万字的长篇小说《青山洞》，终于在1993年秋天，由宁夏人民出版社出版发行了。两年后，他的作品荣获榆林地区1991~1995年度"五个一工程"特别奖。1995年6月20

日，中央电视台播出了他的事迹。

　　一个人只要有了欲望，就能成功，欲望点燃了张效友的奋斗历程，也照亮了他的人生轨迹。欲望是一块伟大的奠基石，在人们做出努力的所有方面欲望能促使一个人创造奇迹。

144

再坚持一下

"再坚持一下"是一种不达目的不罢休的精神，是一种对自己所从事的事业的坚强信念，也是高瞻远瞩的眼光和胸怀。它不是蛮干，不是赌徒的"孤注一掷"，而是在通观全局和预测未来后所做的明智抉择，它更是一种对人生充满希望的乐观态度。

人生就是一个不断与失败较量的过程，只要我们面对失败时，再坚持一下，成功就会属于我们。有什么东西能比石头还硬？有什么东西比水还软？然而软水却穿透了硬石，这是为什么？是坚持不懈而已。在山崩地裂的大地震中，不幸的人们被埋在废墟下。没有食物，没有水，没有亮光，连空气也那么少。一天，两天，三天……还有希望生存吗？有的人丧失了信心，他们很快虚弱下去，不幸地死去。而有些人却不放弃生的希望，坚信外面的人们一定会找到自己，救自己出去。他们坚

持着，哪怕是在最后一刻……结果，他们创造了生命的奇迹，他们从死神的手中赢得了胜利。

当我们面对困难时，绝不要轻易放弃，只要我们再坚持一下，我们就能变困境为顺境，就能创造人生的奇迹。

史华兹博士在考察杰出的个人品质以及取得成功的人具有哪些特点的时候，发现"坚持下去"是所有成功者的一种共同的性格。约翰·R.约翰逊就是这种"坚持"性格的人。

约翰逊于1918年出生在阿肯色州一个贫寒的家庭中，他曾在芝加哥大学和西北大学勤奋读书，由于他的刻苦努力，他最后获得了16个名誉学位。约翰逊开始踏入商界是在芝加哥由黑人经营的优异人寿保险公司当杂役。现在，他是这个公司集团的董事长，主管着好几个庞大的分公司。

1942年，约翰逊以抵押他母亲的家具得到的几千美元贷款独自开办了一家出版公司。现在，这个出版公司已经成为美国第二大的黑人企业。它起初创立了《黑人文摘》(现名《黑人世界》)，又创立了《黑檀》《滔滔不绝》《黑人明星》《少年黑檀》等杂志。

1961年，约翰逊开始经营书籍出版事业。后来，他又扩展

了业务，买下了芝加哥市的广播电台。

约翰逊在谈到他的成功时，谦逊而诚恳地说："我的母亲最初给了我很大的启发和鼓励，她相信并且常常对我说的是：'也许你会勤奋地工作而一事无成。但是，如果你不勤奋地工作，你就肯定不会有成就。所以，如果你想要成功的话，就得冒这个险！问题总是有办法解决的。要百折不挠，要不断地去研究、去想办法。'"

约翰逊到芝加哥去上中学时，就开始为获得成功而奋斗了："我没有朋友，没有钱，由于穿的是家里自制的衣服而被人讥笑。我说话有很重的南方口音，孩子们常拿我的罗圈腿取笑。所以，我不得不用一种办法在他们面前争口气，而且我只能采取这样一种办法——做一个成绩优异的学生。我用功学习，取得很高的分数，还去听如何演讲的课。

戴尔·卡耐基写的《处世之道》，我看了至少50遍。班上的同学除我之外，都不敢高声发言。我读了一本关于演讲的书，按书上说的办法对着镜子反复练习说话。由于我做了一些演讲，同学们选我当了班代表。后来又当了学生会主席、校刊的总编辑和学校年刊的编辑。"

　　1943年，约翰逊开办一家小型出版公司的时候，发生了一件戏剧性的事情。当时，他想要为扩大发行他办的《黑人文摘》做宣传。

　　"我决心组织一系列以《假如我是黑人》为题的文章，请白人写文章的时候把自己摆在黑人的地位上，严肃地来看这个问题，考虑假如他处在这种地位上会实实在在地做些什么事情。"约翰逊回忆说，"我觉得请罗斯福总统的夫人埃莉诺来写这样一篇文章是最好不过了，于是便给她写了一封信。罗斯福夫人给我回了信，说她太忙，没有时间写。但是，她没有说她不愿意写。因此，过了一个月之后，我又给她写了一封信。她回信说还是太忙。以后，我每隔一个月，就给她写一封信。她总是说连一分钟空闲的时间都没有。"

　　由于罗斯福夫人每次都说问题是没有时间，所以约翰逊没有退缩："她没有说不愿意写，所以我推想，如果我继续写信求她写，总有一天她会有时间的。最后，我在报上看到她在芝加哥发表谈话的消息，就决定再试一次。我打了份电报给她，问她是否愿意趁待在芝加哥的时候为《黑人文摘》写那样一篇文章。"

　　她接到我的电报时，正好有一点儿空余时间，就把她的想法写了出来。

　　"这个消息传了出去，反响相当好。直接的结果是，这本杂志的发行量在一个月之内由5万份增加到15万份。这确实是我在事业上的一个转折点。"

　　约翰逊并不相信会迅速取得成功。他说："取得成功总得去努力，有时要经过多次失败。人们来到这里，看到我这里相当壮观的场面，都说：'嘿！你真走运。'我就提醒他们，我花了30年漫长艰苦的时间才做到这个地步。我是在那家保险公司的一个小房间里起步的，然后搬到了一间像储煤巷一样的小屋子里。我一件事接一件事地干，最后才到了现在的地步，而不是开始就是这样。我觉得，每个人应该像一个长跑运动员那样，不断向前，千万不要半途而废。"

　　每个人都应了解，成功的旅途并非一帆风顺，因而成功也就不可能一蹴而就，在你确定了目标后，你一定要彻底执行，那些爬到半山腰就认为顶峰是遥不可及而退缩的人是可悲的。只有那些坚持不懈的人，才能走向山顶的最高处，才能站在山顶看到山下最美丽的风景。

只要坚持不懈就会取得成功

人人都渴望成功，人人都想得到成功的秘诀，然而成功并非唾手可得。我们常常忘记，即使是最简单最容易的事，如果不能坚持下去，成功的大门便绝不会轻易地开启。除了坚持不懈，成功并没有其他秘诀。成功学大师斯维特·马尔登指出："在所有那些最终决定成功与否的品质中，'坚持'无疑是你最终实现目标的关键。"很多人正是认识到了这一点，所以他们取得巨大的成功。

"不管遇到什么困难，我都坚信天无绝人之路，只要永不放弃，永不退缩，就一定会找到战胜困难的方法。"在房地产、旅游和教育等领域都声名鹊起的卓达集团的当家人杨卓舒说。

杨卓舒曾是《河北日报》的记者，1993年夏天向朋友借了几万元现金和一部小轿车，开始创办卓达。仅仅10年，卓达的

资产就已达2.65亿美元。

杨卓舒最困难的时候，财务上就只剩下200元现金。他非常着急，甚至想到如果白天工作晚上出去卖唱能够挣200元的话，他也要去干。若干年后，他自认是永不退缩、永不放弃的精神帮助他走出了那段困境。

杨卓舒第一个项目就是在石家庄市郊区修建别墅区。经过认真分析，他认为当时在别的地方不适合搞别墅、搞房地产的时候，而在石家庄还存在这个机会。

然而，项目开展起来以后，资金成了最大的问题，作为民营企业，在创办之初，很难得到银行的支持，融资非常困难。

回想那段经历，杨卓舒说："说实话，我开始彷徨，跟手下的人说，我们有两个选择：一是把现有的东西都卖掉，卖上几百万然后走人，留个烂摊子让别人来收拾；二是坚守。由于性格一直比较好强，因此我花了很长的时间，没日没夜地琢磨，想到一个能使自己从困境中解脱出来的办法，这就是以货易货。"

由于宏观调控造成多种生产要素积压（如木材、汽车、钢材、玻璃），杨卓舒决定通过别墅、房产来进行最原始的以货

易货，盘活生产要素。当时易货达到了两三个亿，并创造了一种"零摩擦贸易"，避开了货币纠纷。杨卓舒从自己的房地产资源开始，通过这样的方式为自己找到了大量的水泥、钢材等等建筑材料，把这些闲置的生产要素有效组合起来，形成一个完整的商品。同时，这些生产厂家上下供给关系被杨卓舒激活了。靠着这种非常特殊的思路，杨卓舒顽强地站了起来。

"许多年过去了，我对自己发明的以货易货的方法仍然非常珍惜。其实方法非常简单，比如我用1000万元的房子，去跟煤矿谈，发现焦炭厂欠了大量的煤款，于是我拿着煤矿的条子去找焦炭厂，焦炭厂认账，可是要钱没有，要焦炭有，我要焦炭没有用，但是钢铁厂欠焦炭厂的钱，我又跟焦炭厂的人一起找到某钢厂，钢厂说要钱没有，要钢材有，于是我看到了自己需要的钢材。"

以货易货的方法是杨卓舒在困境之中的急中生智，这种困境之中的坚持与突破伴随了杨卓舒很多次。杨卓舒说："很多人只看到我巨大的财富数字，看到我现在的辉煌，他们可能没有想到，在企业最困难的时候，我们什么办法都尝试过，有时候甚至到了失去理智的程度！"所以我们说，杨卓舒曾经受过

非常巨大的失败，并付出了比较高的学费。杨卓舒称这些失败为"刻骨铭心的失败"，而且这样的失败不是资金投入量和直接投资损失可以计算的，因为有一些东西对人的教训是无法用物质来计量的。

1995年，当杨卓舒的易货方法到了一定程度时，他自己感觉到这样非常累。于是，他苦苦探讨思路，想多元化发展，把眼睛瞄向了高科技。有个专家带来了一个项目，想把土经过加工变成饲料。杨卓舒当时处于极度兴奋状态，马上组织了200多个工作人员搞了70多个养鸡场，结果可想而知，在自己最困难的时候，浪费了200万元。诸如此类的失败还有，几乎在这个土饲料项目的同时，杨卓舒开始研究用玻璃瓶装八宝粥，并兼并了保定的一个食品厂，制出来了几万瓶瓶装八宝粥。后来发现，这些产品需要远距离运输，根本不可能进行。

不过，杨卓舒面对这些"刻骨铭心的失败"始终永不退缩，留在脑海里的是深刻的反省和总结："越是困难，越是急于找出路的时候，越需要冷静、沉着、不可盲动；决策的程序必须科学。永不退缩、永不放弃！"

机会靠行动来实现

　　心动不如行动。只有大胆地行动、持续不断地努力，才能获得更多的机会和更大的成就！我们只有付诸行动，才能勇敢地去迎接每一次挑战。毕竟成功是一种努力的累积，不论何种行业，想攀登上顶峰，通常都需要漫长时间的努力和精心的规划。只有行动，才能真正体现我们自身的价值。

　　每个人都有许许多多的梦想，实现梦想的企图心也很强，可就是一直都在原地踏步。他们总是不停地规划：下个月要去哪里，明年要做什么，但就是停留在计划阶段而已，一年，两年过去了，也不晓得要到何时才会实现。其实，如果你愿意的话，马上去行动，你就会发现，每一天都可以是崭新的开始，你的机会就是现在，正如福特这位号称美国"汽车大王"的企业巨子所说："不管你有没有信心，只要你投入行动，去做就准没错！"

　　北京通产投资集团老总陈金飞堪称是敢于大胆行动的人。他认为创业阶段是一个起步最为艰难的时刻，那时最需要勇气。

　　他的第一间办公室在北京郊外高碑店乡一个猪圈的后面。当时，陈金飞把大通装饰厂建在那儿，房子盖得很随便，根本没有设计图纸。房子的窗户不一样大，因为窗户是从外面捡来的。陈金飞就是这样盖起了车间和办公室的。办公桌也是一个捡来的40公分高的圆台，陈金飞又找到了一块木板钉了6个离地面只有20公分高的小板凳，最奢侈的家具是一把老式竹椅。在这里，陈金飞接待了工商局的同志、税务局的同志和对陈金飞企业感兴趣的许多客人，其中包括外商。没钱买设备，陈金飞就买钢材，边学边干，就这样做出了台板印花机。

　　创业初期，所有的一切都是陈金飞用自己的双手干出来的。厂房设备有了，最大的问题就是没有生意，他和工人们处于集体失业状态。陈金飞当时心里真着急，天天骑着自行车到处找活儿，那时可没少受委屈。很多客户一看他们都是年轻人，又是私营，客气的人不理你，不客气的人干脆把你轰出来！那种屈辱的感觉不亲身经历是无法用语言形容的，但陈金飞还得尽快调整心态去面对新的困难。

　　陈金飞的第一笔生意，也是最小的一笔生意，只赚了35元钱。这笔生意是他骑着自行车从先农坛体育场做来的，给北京篮球队印几件跨栏背心的号码。回来后他和工人们一起，不到10分钟就干完了，35元到手。兴奋之后，陈金飞他们又集体失业了。

　　当时条件那么艰苦，可令人惊讶和敬佩的是，他们居然在这猪圈后面谈成了第一笔涉外生意。外商是一位金发碧眼的漂亮女士，她是加拿大的纺织品进口商，要进口一批儿童服装。谈判时，陈金飞他们请客人坐在"最豪华"的竹椅上。那是在冬天，屋里没有暖气，特冷，竹椅又透凉，外商冷得受不了，也顾不得举止风度了，就蜷缩着蹲在竹椅上和他们谈。蹲累了就站在竹椅上谈。也许是运气吧！外商跟陈金飞签了合同，这笔生意他们赚了十几万美金，这在当时来说可是个大数目。

　　陈金飞认为他的成功是因为胆量和勇气。建厂初期，陈金飞遇到的困难是难以想象的。除了资金、技术以及人员这些每个新企业都会遇到的问题外，由于社会的不理解而强加的不公正待遇，几乎成了陈金飞难以逾越的鸿沟。如果没有胆量和勇气，没有冒险精神，坚持下来，今天陈金飞就不会拥有这一切了。

还有一个美国发泡印花订单，当时这种发泡技术还没人掌握，就连国营大厂都不敢接，他们是怕麻烦，不愿意冒险。外贸公司问到陈金飞，陈金飞毫不犹豫地接了下来。合同签了，还不知道怎么干，那时真急坏了！陈金飞天天跑化工商店，请教工程师们。通过多次的实验，陈金飞终于掌握了发泡所需的各种化学原料的配比和温度。那时也没有听说过发泡机，所以电吹风、电烙铁就成了工具。车间里经常能听到工人们兴奋的叫声："发起来啦！"那神情不像是工作，更像是一群孩子在做游戏，就这样在谈笑间保质保量地做成了近百万元的生意。当时车间对外绝对保密，主要是怕外商看见了他们的工作条件而被吓跑。他们凭着敢于面对困难的勇气和敢于尝试新事物的胆量，掌握了发泡技术，并控制了近两年的时间，前期几百万收入主要来自发泡印花的订单。陈金飞小本经营，大胆入手，创造了他的辉煌事业。

成功者们永远比一般人做得更多。当一般人放弃的时候，他找寻下一位顾客；当对方拒绝他的时候，他再问他们："请问你要不要买呢？"当顾客不买的时候，他问："你为什么不买？"他总是在寻找如何自我改进的方法以及顾客不买的原因，他永远在不断地改善自己的行为、态度、举止和人格，他总是希望知道人们为什么向他买、为什么不向他买的原因，他总是希望自己更有活力，总是希望自己产生更大的行动力。相形之下，很多人饱食终日，无所用心，不做运动，不学习，不成长，每天抱怨一些负面的事情。他们哪来的行动？因此，我们说，所学的知识必须大胆地化为行动，因为只有行动才有机会。

行动助您走向成功

我们的意志力量，是决定成败的力量。如果不付诸行动，我们同样不可能取得成功。因为我们深深地明白，我们的幻想可能毫无价值，我的计划可能付之东流，我们的目标可能难以达到。一切的一切都可能毫无意义，除非我们付诸行动。

并非因为事情太困难使得我们不敢行动，而是因为我们不敢行动才使得事情困难。在我们的思想与行动中，很多事情都是由我们的思想决定的，只有我们的思想是正确的，在大脑深处形成我们可以去做这件事，我们才会去做。如果我们的大脑认为不可能去做，我们绝对不会去做。

在很多情况下，都是思想决定我们的行动。但是，行动也同样可以控制思想和情绪。为了成功，我们必须要充分运用自己的个人力量，并且大量采取行动，让行动来证明我们的所思所想。我们都应该记住美国励志大师奥格·曼·狄的那些震撼

人心的经典语句：

我的幻想毫无价值，我的计划渺如尘埃，我的目标不可能达到。

一切的一切毫无意义——除非我们付诸行动。

我现在就付诸行动。

一张地图，不论多么详尽，比例多么精确，它永远不可能带着它的主人在地面上移动半步。一个国家的法律，不论多么公正，永远不可能防止罪恶的发生。任何宝典，即使我手中的羊皮卷，永远不可能创造财富。只有行动才能使地图、法律、宝典、梦想、计划、目标具有现实意义。行动像食物和水一样，能滋润我，使我成功。

我现在就付诸行动。

拖延使我裹足不前，它来自恐惧。现在我从所有勇敢的心灵深处，体会到这一秘密。我知道，要想克服恐惧，必须毫不犹豫，马上行动，唯有如此，心中的慌乱方得以平定。现在我知道，行动会使猛狮般的恐惧，减缓为蚂蚁般的平静。

我现在就付诸行动。

从此我要记住萤火虫的启迪：只有在振翅的时候，才能发

出光芒。我要成为一只萤火虫，即使在艳阳高照的白天，我也要发出光芒。让别人像蝴蝶一样，舞动翅膀，靠花朵的施舍生活；我要做萤火虫，照亮大地。

我现在就付诸行动。

我不把今天的事情留给明天，因为我知道明天是永远不会来临的。现在就去行动吧！即使我的行动不会带来快乐与成功，但是行动而失败总比坐以待毙好。行动也许不会结出快乐的果实，但是没有行动，所有的果实都无法收获。

我现在就付诸行动。

立刻行动！立刻行动！立刻行动！从今往后，我要一遍又一遍，每时每刻重复这句话，直到成为习惯，好比呼吸一般；成为本能，好比眨眼一样。有了这句话，我就能调整自己的情绪，迎接失败者避而远之的每一次挑战。

我现在就付诸行动。

我要一遍又一遍地重复这句话。

清早醒来时，失败者流连于床榻，我却要默诵这句话，然后开始行动。

我现在就付诸行动。

外出推销时，失败者还在考虑是否会遭到拒绝的时候；我要默诵这句话，面对第一个来临的顾客。

我现在就付诸行动。

面对紧闭的大门时，失败者带着恐惧与惶惑的心情，在门外等候；我却默诵这句话，随即上前敲门。

我现在就付诸行动。

面对诱惑时，我默诵这句话，然后远离罪恶。

我现在就付诸行动。

只有行动才能决定我在商场上的价值。若要使我的价值加倍，我必须加倍努力。我要前往失败者惧怕的地方，当失败者休息的时候，我要继续工作。失败者沉默的时候，我开口推销。我要拜访十户可能买我的东西的人家，而失败者在一番周详的计划之后却只拜访一家。在失败者认为为时太晚时，我能够说大功告成。

我现在就付诸行动。

现在是我的所有。明日是为懒汉保留的工作日，我并不懒惰；明日是弃恶从善的日子，我并不邪恶；明日是弱者变为强者的日子，我并不软弱；明日是失败者借口的日子，我并不是

失败者。

我现在就付诸行动。

我是雄狮，我是苍鹰，饥即食，渴即饮。除非行动，否则死路一条。

我渴望成功、快乐、心灵的平静。除非行动，否则我将在失败、不幸、夜不成眠的日子中死亡。

我发布命令，我要服从自己的命令。

我现在就付诸行动。

成功不是等待，如果我迟疑，它会投入别人的怀抱，永远弃我而去。

此时，此地，此人。

我现在就付诸行动。

第四章

培养自己的信心

信心铸就机遇

任何一个人，只要相信自己，就有机会获得成功。在这个过程中，只要能下定决心，坚持不懈，就一定能够获得成功；只要渴望自己成功，脚踏实地地去奉献，充分发挥自己的才能，就一定会获得比梦想要多得多的成功。

我们为什么要相信自己？因为在这个世界上，每个人都是独一无二的，所以你应该相信自己。那为什么你会是这世界上独一无二的呢？因为你所做的事，别人不一定做得来；而且你之所以成为你，必须是有一些相当特殊的地方，有与别人不同的素质，而这些特质又是别人无法具备的。既然这些素质别人无法具备，所以应该让你来完成的事别人就代替不了。试想，在这样的情况下，别人怎么可能给你更好的意见？他们又怎能取代你的位置，来替你做些什么呢？所以，这时你不相信自己，又有谁可以相信？

在美国北纽约州的一个小镇上，有个名叫露茜丽·鲍尔的小女孩，从小便立定志向，梦想成为最著名的演员。

18岁的时候，她在一家舞蹈学校学习了三个月的舞蹈，这时她的母亲收到了舞蹈学校的一封信函，信的内容是："您好，众所周知，本校一向是以培育最佳的表演人才闻名，世界上几乎所有著名的表演工作者，都是从本校毕业的。所以，我们一眼便能辨识出学生的资质如何。遗憾的是，我们还真没有见过像您女儿这样差的资质，因此我们必须勒令贵千金退学，以维持我们学校的学生素质。"

就这样，露茜丽结束了舞蹈学校的学习与训练。她在以后的时间里一边打工，一边在业余时间参加各种演出和排练，即使没有报酬，她也无所谓。

两年以后的一天，她得了肺炎。住院三周以后，医生告诉她，她以后可能再也不能行走了，她的双腿已经开始萎缩了。她带着演员梦和病残的腿回家休养。露茜丽没有被病魔吓倒，她告诉自己："我一定会站起来。"

在家里，她得到了家人的理解和支持，忍受着疾病带来的疼痛，她开始了艰苦的康复训练。她咬着牙坚持了两年，经历

了无数次的摔打，终于出现了奇迹——她可以再次奔跑了！

痊愈之后，她更加努力地朝着自己的舞蹈目标奋进。尽管年龄偏大，身体条件不佳，使她的表演前程充满艰辛，但她毫不气馁。她反复地告诫自己："我已经能自己行走了，以后再也没有什么事能难倒我，我一定会成功的。"

在她40岁的时候，有一家电视台的导演看中了她的表演，认为她非常适合某个角色。露茜丽毫不犹豫地抓住了这个重要的机会，也就是从这时起，她的表演生涯才正式拉开了序幕。

这次演出，露茜丽·鲍尔大获成功！她开始越来越受观众的欢迎。她在观众心目中的形象不是跛腿和满脸的沧桑，而是一个有着杰出的表演天赋和朝自己的理想不断进取的成功典范。

在艾森豪威尔任美国总统的就职典礼上，有无数人从电视上看到了她的表演；英国女王伊丽莎白二世加冕时，有3300人欣赏了她的表演……1953年，看过她表演的人超过4000万人。

从露茜丽的经历中我们可以得出这样一个结论：只要相信自己就有机会。所以，把自己定位在意志坚强的基础上的人，就像冬天的野草，尽管历经严寒，它们依然坚强，一直到春暖花开，重新发芽成长；把自己定位在意志薄弱的基础上的人，

如同一株幼草，一旦被风吹折，便再也站不起来，也就永远错失了成功的机会。

1951年，英国有一位名叫富兰克林的科学家，从自己拍得极好的DNA的X射线衍射照片上发现了DNA的螺旋结构之后，他就这一发现做了一次演讲。然而由于他生性自卑，又怀疑自己的假说是错误的，从而放弃了这个假说。

1953年，在富兰克林之后，科学家谈林和克里克，也从照片上发现了DNA的分子结构，又进行了DNA螺旋结构的假说，从而标志着生物时代的到来。他们二人因此而获得了1962年度诺贝尔医学奖。

可以推想，如果富兰克林能够克服自卑，相信自己，坚信自己的假说，进一步深入研究，这个伟大的发现肯定会以他的名字载入史册。可见，相信自己，永不言弃是一种伟大的精神，因此，只要我们不放弃，失败都只是暂时的，只要坚持下去，坚持自己的梦想，总会有成功等在前面。失败没有什么可怕的，可怕的是自己放弃成功的机会。

克服自卑心理

自卑、没有目标、犹豫不决、缺乏恒心等等，这些人性的弱点，是你发挥潜能的大敌。只要能够战胜弱点，你就能淋漓尽致地发挥自己的潜能。

大部分的人都怀着某种自卑而生活。有的人因为太丑，怕被人瞧不起，因此经常会担心、恐惧；有的人则觉得自己太矮，不敢与别人站到一起，久而久之，把自己孤立起来了。不光只是外貌，他们对自己的才能也有些自卑感。

自卑的人其实都能认识自己的问题所在，但就是克服不了它，整天闷闷不乐，无法得到令人满意的结果。所以人生最重要的就是要不拘泥于自卑，把自己的优点尽量发挥出来。

世界著名交响乐指挥家小泽征尔在一次欧洲指挥大赛的决赛中，按照评委会给他的乐谱指挥演奏时，发现有不和谐的地方。他认为是乐队演奏错了，就停下来重新演奏，但仍不如

意，这时，在场的作曲家和评委都是权威人士，他思考再三，突然大吼一声："不，一定是乐谱错了！"话音刚落，评判席上立刻报以热烈的掌声。

原来，这是评委们精心设计的圈套，以此来检验指挥家们在发现乐谱错误并遭到权威人士"否定"的情况下，能否坚持自己的判断。前两位参赛者虽然也发现了问题，但终因趋同权威而遭淘汰。小泽征尔则不然，因此，他在这次指挥家大赛中摘取了桂冠。

权威有时也会出错。如果你养成了随便趋同权威的习惯，你将永远生活在权威的阴影里面，甚至被别人瞧不起。学会相信自己，你的自信会使别人对你刮目相看，甚至赢得成功。

任何人都拥有特殊的才能。不管怎样愚笨的人，都有只有他才能做到的事情。同时，被认为只能做一件事的人，也往往会有多样的才能，只是自己无法发现，周围的人也无法发现，所以就让自己的才能一直睡下去，没办法利用而已。但是自己很不易发现自己的才能，反而只会发现自己的缺点，潜在的才能就这样一直隐藏下去，因此通往成功的第一点，就是要战胜你的弱点。

苏东坡的《河豚鱼说》讲了这样一个故事：南方的河里有一条豚鱼，游到一座桥下，撞在桥柱子上。它不怪自己不小

心，也不想绕过桥柱，反而生起气来，认为是桥柱撞了自己。它气得张开嘴，竖起颈旁的鳍，胀起肚子，漂在水面上，很长时间一动也不动。从空中飞过的一只老鹰看见它，一把将它抓起，将它的肚子撕裂掏空。这条豚鱼就这样成了老鹰的食物。

这条豚鱼很可笑，但现实中，又有多少人像那条豚鱼一样，犯了错不知检讨自己而去归罪他人呢？

中国传统哲学一向强调自省的重要性。孔子说："见贤思齐焉，见不贤而内自省也。"这句话的意思是说，看到别人的优点，就要设法使自己也具有同样的优点，看到别人的缺点，就要反思，看自己是否也存在类似的缺点。曾子也曾说过"吾日三省吾身"，也是同样的道理。

在微软的企业文化中，最为重要的一部分就是提倡自我批评和勇于接受批评的精神。

比尔·盖茨的成功是有目共睹的。作为软件产业里的翘楚，比尔·盖茨的谦逊同样令人敬佩。他当初不善言辞，为了改正这个缺点，每次演讲过后，他总会请他人帮自己指出其中的不足，予以改正。正是这样一种虚心学习、不断自省的态度，将比尔·盖茨从以前那个平庸甚至还有些怯懦的演讲者，

变成了一个卓越的演说家。

在工作中，他也很谦逊，及时承认自己的错误。有一次开会时，比尔·盖茨在听完一个人陈述的新思路后非常肯定地说："你这个想法不好，我觉得，应该这样才行。"可他刚刚说完，有一个年轻的技术专员就站起来说："比尔，你错了！"比尔反问："我错了？可实际上就是这么回事呀！"技术专员的态度非常坚定："比尔，你的确错了。请让我告诉你错在哪里。"等这个年轻人把问题的来龙去脉说完之后，比尔·盖茨坦率地承认了自己的错误，他说："是的，是的，我明白了。你是正确的，我的想法是错误的。现在，我们继续讨论这个新的思路吧！"

我们只有勇于承认自己的错误，才有机会改正。错误是可以放大的，千里之堤，溃于蚁穴！如果我们不正视错误，它就会慢慢放大，最后将我们吞噬。

一个人，只有学会正确地看待自己的弱点，才能学会成长。回避错误只能让事情更糟。犯错并不可怕，可怕的是明明知道自己错了，却死不悔改。往往让我们疲惫的不是远方的征途，而是我们鞋里的沙子。我们只有及时清除掉那些沙粒，才能一步步走向成功。

成功来源于自信

　　一个渴望成功的人是不会害怕和逃避问题的，相反，他会为了解决问题，找到各种方法，而且能够把一个接一个的危机转化为成功的机会。因为在他看来，他在处理危机的过程中，只要自己准备妥善，就可以迎接机会的到来，使自己走向成功的殿堂。

　　在美国，有一个名叫克洛尔的推销员。他胆小，体质弱，个子又不高，没有一点儿优势，所以他对自己的将来要求不高。长大后，他当了一名推销员，由于自身的原因，他的业绩并不好。每次，他出门的时候，母亲总是对他说："克洛尔，当你做事的时候，就要全力以赴，如果你不能的话，那就干脆不做。"但克洛尔还是对自己的将来没抱什么希望，他只希望不要再比别人差。

　　有一次，公司经理要他去参加培训，不然就要开除他。克

洛尔沮丧地寻找哪里有培训班。最后他报名参加由梅里尔指导的培训班。一个月后，培训结束，梅里尔找到克洛尔，"你知道吗？我观察了你一个月了，我从未见过这样浪费人才的。"克洛尔很震惊，问为什么。梅里尔说："你很有能力，但是你却把自己的位置定得太低。如果你投入工作，相信自己的能力，总有一天你会成功，一定会成为一个了不起的人！"

克洛尔太惊讶了，从小到大，除了他母亲没有别人鼓励过他，现在梅里尔的一席话胜过了他母亲多年来对他的鼓励。其实他并没有从培训中学到什么特殊技巧，只记住了老师的这番话。后来，他不再满足于现状，他相信他的能力足以让他成为一个有名的人物，他相信自己一定会成功的。他经常用成功者的头脑思考，用成功者的心态面对生活。两年后，他成了全美国最年轻的地区主管人。但是，他没有因此停止，仍在不断地努力着。

只有对自己充满自信，才会精力充沛，豪情万丈，活得有滋有味！如果我们自己萎靡不振，觉得一事无成，可以想象这种生活是一个什么样子。胸无大志，自认为是多余的人，甚至自暴自弃，破罐子破摔，这等于是慢性自杀，这样的人怎么会

有所成就呢？

　　心理学家曾经做过一个实验，在一个玻璃缸里放养一条凶猛的热带鱼和一群温驯的小鱼，结果，不到一天的工夫，这群小鱼全被热带鱼吃了。再放养一群小鱼，还是被热带鱼吃个精光。后来，实验人员在玻璃缸的中间插上一块玻璃，把热带鱼和小鱼分开放。一开始，凶猛的热带鱼不断地向小鱼发起攻击，结果，由于隔了一层玻璃，热带鱼的每次攻击，都被玻璃弹了回来。慢慢地，热带鱼减少了对小鱼的攻击。最后，热带鱼终于停止了对小鱼的攻击。于是，实验人员又把那块玻璃给撤了。结果，热带鱼和小鱼却能和平共处。心理学家分析其中的原因，认为是玻璃逐渐地摧毁了热带鱼的自信心，以致到了最后，尽管玻璃撤了，但热带鱼依然没有恢复攻击小鱼的自信。

　　所以，一个人如果不相信自己能做那些从未做过的事，他就绝对做不成。只有领悟到这一点，不依赖于他人的帮助，不断努力，才能成为杰出人物。所以，任何人都要有坚强的意志，要相信自己。

　　罗纳德·里根是美国第40任总统，他就是一个充满自信的人。在成为总统之前，他只是一个很普通的演员，但他立志要当总统，并相信自己一定可以成为总统。

从22岁到54岁，里根一直活跃在文艺圈，对于从政完全是陌生的，更没有什么政治经验可谈，政治可以说是个拦路虎。但当机会到来时，共和党内的保守派和一些富豪们竭力怂恿他竞选加州州长时，里根毅然决定放弃大半辈子赖以生存的演员职业，坚决地投入到从政生涯中。结果大家都清楚，里根成了美国总统。

自信是成功的基石。缺乏自信的人，不可能有远大的目标和对未来的美好憧憬；缺乏自信的人，不可能在人生的道路上顽强拼搏、坚韧不拔；缺乏自信的人，不可能使自己的生命潜能得到充分的挖掘和释放；缺乏自信的人，不可能享受到由成功带来的高峰体验；缺乏自信的人，不可能在生命流动的旋律中谱写出辉煌的乐章……唤醒我们的自信，就是唤醒我们生命中最美好的那部分人性；培植我们的自信，就是培植我们对人生理想的追求；呵护我们的自信，就是呵护我们的意志和毅力；激励我们的自信，就是激励我们焕发生命的活力和潜能。

梦想因为自信才得以实现

俄国人契诃夫说："自己的命运应由自己创造，而且应该绝对排除虚伪和坏事。"

梦想是可以变成现实的，只要你有足够的自信，付出足够的努力。

一位58岁的农产品推销员奥维尔·瑞登巴克以不同品种的玉米做实验，想制造出一种松脆的爆玉米花。后来他终于选出理想的品种，可是没有人肯买，因为成本较高。

"我知道只要人们一尝到这种爆玉米花，就一定会买。"他对合伙人说。

"如果你这么有把握，为什么不自己去销售？"合伙人回答道。

万一他失败了，他可能会损失很多钱。在他这个年龄，他真想冒这个险吗？他雇用了一家营销公司为他的爆米花设计品

名和包装形象。不久，奥维尔·瑞登巴克就在全美国各地销售他的"美食家爆玉米花"了。

如今，畅销世界各地的爆玉米花，全部是他冒险的结果。他用自己的一切作为赌注，换回了他想要的丰厚回报。

"我想，我之所以干劲十足，主要是因为有人说我不能成功，"已年过八旬的瑞登巴克说，"那反而使我决心要证明他们错了。"

大自然赋予我们每个人巨大的潜能，需要我们去发现、去开发。一位有名的作家曾经说过：人人都是天才。所以我们要相信：没有什么人是没有天赋的，那些认为自己没有天赋的人只不过是还没有发现自己的潜力。

在成功道路上飞奔的每个人，都要有挫折打不败的信心。所以，你要相信自己，你是不惧怕任何困难与挫折的，因为你知道你能够战胜它们。相信自己有能力，你就有能力；相信自己能成功，你就会成功。

所以，你如果想成功你就要相信，你就是一只雄鹰，一只天生注定要到天空翱翔的雄鹰。那么，你一定能在属于你的天空里自由翱翔。

自信，并非意味着不费吹灰之力就能获得成功，而是说

战略上要藐视困难，战术上要重视困难，要从大处着眼、小处动手、脚踏实地、锲而不舍地奋斗拼搏，扎扎实实地做好每一件事，战胜每一个困难，从一次次胜利和成功的喜悦中肯定自己，不断地突破自卑的羁绊，从而创造生命的亮点，成就事业的辉煌。

　　一位从乡下转学到城里的学生总是很自卑，上课老师提问时，城里的学生都抢着回答，他却从不抬头，也几乎不举手回答问题。有一次，物理老师提了一个问题，他虽然不会，但心里想，反正老师也不会叫到他，就举次手吧。没想到老师偏偏叫了他。结果，他哑口无言，当众出丑。

　　放学后，他一个人坐在教室里琢磨那道题，耳朵里始终回响着同学们的哄笑声，不争气的眼泪掉了下来。物理老师过来了，他深入浅出地给他讲解了那道题，然后和蔼地说："学习时不要不懂装懂，你不要自卑。咱们做个约定，以后我提问的时候，遇到你懂的你就举左手，遇到你不懂的你就举右手。这样我就知道该不该叫你了。"

　　此后的物理课上，他就按老师所说的做了。期中考试结束后，老师对他说："这段时间你举了25次左手、10次右手，再加把劲，争取把举右手次数降到5次。"细心的老师竟然统计了

他举左手、右手的次数。

这个学生很感动，他暗下决心，争取不举右手。从此，遇到难题他宁可不吃饭，不睡觉也要把它拿下来。功夫不负有心人，期末考试时，他拿了全班第一名。老师欣慰地说："你终于不举右手了。"后来，这个同学考上了大学。临别的那天，物理老师对他说："别让自卑打倒自信，换只手，高举你的自信。"

这个学生是幸运的，这个物理老师是伟大的。是他小心翼翼地呵护着学生的人格，是他巧妙地培植着学生的自信，可以说，是他改变了学生的命运。

所以，一个人只有有了自信，才能把事情做成功。而没有了自信，成功也就无从谈起。不论你的能力大小、天赋高低，成功是建立在自信的基础上的。因此，我们要打造自己的自信心，相信能做成的事，就一定会取得成功。

亨利·比奇上学时，一次，他被老师叫到黑板前，心里惴惴不安，祈祷个没完，千万别出什么问题。

他正想着，老师平静而有力的声音在他耳边响起："这一课必须得学。"他的老师是一位对学生非常严格的教师，从来不认可一切解释和借口。他总是对他的学生说："我要的是那个问题的答案，我不想听到你没能回答那个问题的任何理由。"

　　这次，亨利·比奇同样学习了两个小时。不过，这次老师严厉的声音又一次在耳边响起："那对我没有任何意义。我要的是你背下这一课。你可以不必去学，或者你可以学上10个小时，随你的便。但我要的是你背下这一课。"

　　亨利·比奇后来说："这对一个小学生来讲太难了，但我从中获得了益处。不到一个月的时间，我获得了巨大的勇气和独立思考的能力，我不再害怕背课文了。"

　　又有一天，老师那冷漠平静而又有力的声音在大庭广众之中响在了亨利·比奇的头上:"不对!"

　　亨利·比奇犹豫了一下，于是从头开始背，当他又背到相同的地方时，还是一声斩钉截铁地"不对"阻断了他的背书进程。

　　"下一个!"

　　亨利·比奇只好莫名其妙地坐了下来。

　　而当那个同学也被老师的"不对"声打断时，那个同学全然不顾，仍旧背自己的，直到全部背完。最后他得到的评语是"非常棒"。

　　"为什么会这样?"亨利·比奇很委屈，他说，"我背得

和他一样，你中途却说不对！"

"那你为什么不像他那样继续往下背呢？这说明你对课文了解得还很不够，重要的是你要深信自己已经掌握了它，除非你胸有成竹，否则，你的学习相当于做了无用功。如果全世界都说'不'，你要做的就是说'是'，证明给人看。"

亨利·比奇的老师只要学生的实际学习效果，杜绝一切的理由和借口。这么做，给学生们的最大益处就是相信自己的能力，如果学生们不相信自己，经常依赖老师的话，就永远不会有大的收获。

"天生我材必有用"，自己给自己鼓掌，自己给自己加油，自己给自己戴朵花，自己给自己奖励，便能撞击出生命的火花，培养出像阿基米德"给我一个支点，我将撬动地球"的那种豪迈自信来。

自信不是孤芳自赏，也不是夜郎自大，更不是得意忘形，毫无根据地自以为是和盲目乐观，而是激励自己奋发进取的一种心理素质，是以高昂的斗志、充沛的干劲，迎接生活挑战的一种乐观情绪，是战胜自己、告别自卑。摆脱烦心的一种灵丹妙药。

你看到的每个成功的人几乎都依赖于某些因素或某个人。

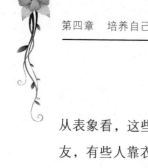

从表象看，这些成功的人中有些人靠他们的钱，有些人靠朋友，有些人靠衣装，有些人靠门第，有些人靠社会地位。但是，很少有人明白，一个成功的人完全是靠自己的双脚堂堂正正地立身于社会的人——他靠的是自己的美德，完全的自信、自立。

　　一般的人，往往很难做到树立坚定的自信心，而一旦做到了，即使是普普通通的我们也能做出惊人的业绩来。怯懦和意志容易动摇的人永远不会超越自我设定的高度。如果拿破仑在率军翻越阿尔卑斯山的时候，说："攀越这么险峻而积雪的山峰是根本不可能的事情。"那么，他的军队永远不会征服那座高山。所以，无论做什么事，坚定不移的自信力才是达到成功所必需的因素。

面对机会主动出击

机会不是常常都有的，更不会自己找上门来，当机会出现时，主动出击，将它牢牢地握在自己手里，不要过多考虑后果，得到了机会，你就得到了一半的成功。

机会是很重要的，这是每个人都知道的道理。可是我们也曾失去了很多机会。每当回顾往事的时候，都不免叹道："想当年……要不是因我失去了某个机会，我今天已是一位成功人士了；想当年，要不是我失去了某个机会，我已经是一位很有影响力的企业家了。"的确，要不是我们当年失去了机会，我们今天就不会如此平凡，可是又有多少人真正反省过我们为什么会失去机会。

一代枭雄曹操，也有过错失机会的时候。这次机会的错失，不但使他失去了入主西川的机会，还成就了对手刘备的一番霸业。

　　三国时期，张松本在西川刘璋手下任职，因为感觉怀才不遇，又看到刘璋软弱，难成大业，就生起了择主献川之意。

　　曹操打败西凉马超之后，威震汉中。张鲁听谋士之言，欲取西川作为称王的基础。张松乘刘璋惊慌之际，便以劝说曹操出兵攻击张鲁解西川之危为名，出使许都并将西川地理险要画为图本，准备献给曹操。

　　谁知张松到许都后，却始终见不到曹操。等候三日，贿赂相府近侍方得见到曹操。曹操见张松额镢头尖，鼻偃齿露，身长不满五尺，言语有若铜钟，心中已三分不喜，加之言谈中受到张松言语冲撞更加恼火，拂袖而去，转入后堂。

　　相府主簿杨修，觉得张松是个人才，力劝曹操再见张松。曹操虽然勉强答应了，但为了威吓张松，在校场列下大队人马，并以言语侮辱他。谁知张松软硬不吃，反将曹操奚落一番。曹操大怒，就想杀掉张松，多亏杨修等人冒死谏言，曹操才免其死罪，将张松乱棒打出。

　　张松有心献图，不得见纳，受尽怠慢，心中非常愤恨，又兼在刘璋面前夸下海口，自感空手而归面上无光，遂生去荆州拜访刘备之心。刘备待之以上宾之礼，虚心求教，临别之际依依不舍，潸然泪下。张松感到刘备之宽仁爱士，遂推心置腹详陈利害、力劝刘备西取西川，以建大业，将西川地理图献于刘备。刘备后来取川成功，这与张松献图是分不开的。

"人不可貌相，海水不可斗量。"曹操见张松形象不佳便生厌恶，对张松的言语冲撞更是火冒三丈，最终失去了这个可能成就自己霸业的机会。而刘备则对人才以礼相待，惺惺相惜，果断地抓住了这个千载难逢的好机会，最终入主西川，成为一方霸主。

正所谓此消彼长，正反两方面的例子可谓深刻。曹操和刘备在抓机会方面给我们上了生动的一课，让我们真正地感受到了机会在成就事业方面的重要性。

人没有生来就能成就一番事业的。很多青年本来可以成就一番伟业，但事实上他们只做着简单而没有发展前途的小事，过着平庸的生活，这就不可能成功了。根源在于他们自我放弃，没有远大的人生理想，信念也就无从谈起。其实，与那些充满诱惑的金钱、权力和出身等相比，自信是更有价值的东西，它是人们东山再起的最可靠的资本。自信能助你清除各种困难和障碍，能使事业取得圆满的成功。

我们不妨在一个人的时候静下心来想想，为什么自己会失

去很多有助于成功的机会？这时你就会发现，答案就在你自己身上。充满自信，你会成为一个成功者。

我们要成为自信的人，必须去思考以下五个要点：

（1）决定自己所需要的是什么，这反映了你的权利。

（2）判断自己所需要的是否公平，这反映了他人的权利。

（3）清楚地表达自己的需要。

（4）做好冒险的准备。

（5）保持心情平静。

下面五点有助于你获得自信，对你很有帮助：

（1）自我准备。事先做简要的描述，以便知道自己的观点是否正确。不必长篇大论地去说明自己观点的合理性，简明扼要的解释就足以产生作用。事先草拟你的意见，勾画出你的解释、感受、需要或后果。这样做十分有用。根据你的草稿进行演练，必要的话，还可以请朋友帮忙一起演练。

（2）肯定他人。与人交谈时，开场白非常重要，安全的表达方式是用一种肯定性的语言。例如，"这是一篇非常好的文章，但希望你能写得通俗明白些，以便我容易读懂。"

（3）客观公正。除了解释你所见的实际情况以外，不要涉及对个人的批评。评价或批评，只能针对一个人的行为、行动和

表现，而不能针对其个人，也就是平常所说的对事不对人。

（4）简明扼要。说话时为了避免其他人的阻止、插嘴和打岔，表达时尽量简明扼要，不要理论化，只要讲述具体事实就够了。

（5）意识操纵性的批评。不要期望他人总会与你合作，会接受你的观点。尽管你希望得到赞同的意见，但这种情况不是必然的。有些人会使用操纵性的批评来分散你的注意力，损害你的努力。这种表现要么假装关心，要么坦率地直接批评。

当你自信时机会就出现了

如果你因失去了自信而流泪，那么，当你在流泪时而失去机会，那你就应该哭泣了。

每个来到这个世上的人，都是上帝赐予人类的恩宠！上帝造人时即已赋予每个人与众不同的特点，所以每个人都会以独特的方式来与他人互动、进而感动别人。要是你不相信的话，不妨想想：有谁的基因会和你完全相同？有谁的个性会和你一毫不差？基于这种种的理由，我们相信：你有权活在这个世上，而你存在这世上的目的，是别人无法取代的。记住！你有权力去相信自己，有权力去找到自己的自信。

许多人的成功源于一个梦想，但并非所有的梦想都能变为现实。我们每个人都有许多绮丽美好的梦想，但只有那些100%相信自己的人，只有那些愿为梦想付出不懈努力的人才能享受到成功美酒的甘甜。

　　相信别人是重要的，这是人生处世的黄金法则。相信别人是重要的，就是相信自己是重要的。尊重来源于尊重别人，毕竟尊重别人就是尊重自己。物理学上作用力与反作用力原理在人际交往中得到最深刻的体现。如果说信心是一块两面的板，一面就是相信自己重要，另一面就是写着相信别人重要。少哪一面，信心都是不完整的。因此，在工作中，我们必须尊重上司，尊重同事，尊重下属，这里没有太多的学问，尊重他们，就是尊重自己，就是自信的表现。

　　树立信念，相信自己的潜能。人的潜能是十分巨大的，在危难之际或者紧迫之时，人的潜能就可以爆发出来。曾有位诗人这样说："人类体内蕴藏着无穷能量，当人类全部使用这些能量的时候，将无所不能。"尽管诗歌往往源于一些超现实主义，并有明显夸大之嫌，而这一句话的真实性却远远地超过了我们最初对其所确认的真实程度。世间无人知晓人体内到底蕴藏着多少能量，但是即使是所知的那些，对于最专注的人类行为观察家们来说也是不可胜数。这些能量的相当一大部分都是超乎寻常的，退一步说，起码有一部分不同凡响，就使人们具有无止境的力量和潜能。那么，试想一下，当人能够发动全部能量的时候，一切会是怎样？

春秋战国时期，一位父亲和他的儿子出征打仗。父亲已做了将军，儿子还只是马前卒。一阵号角吹响，战鼓擂鸣了，父亲庄严地托起一个箭囊，其中插着一支箭。父亲郑重地对儿子说："这是家传宝箭，佩戴身边，力量无穷，但千万不可抽出来。"

　　那是一个极其精美的箭囊，厚牛皮打制，镶着幽幽泛光的铜边儿，再看露出的箭尾，一眼便能看出是用上等的孔雀羽毛制作。儿子喜上眉梢，贪婪地推想箭杆、箭头的模样，耳旁仿佛"嗖嗖"的箭声掠过，敌方的主帅应声落马而毙。

　　果然，佩戴宝箭的儿子英勇非凡，所向披靡。当鸣金收兵的号角吹响时，儿子再也禁不住得胜的豪气，完全背弃了父亲的叮嘱，强烈的欲望驱使着他"呼"的一声拔出宝箭，试图看个究竟。骤然间，他惊呆了。

　　箭囊里竟然装着一支折断的箭。

　　"我一直带着支断箭打仗呢！"儿子吓出了一身冷汗，仿佛顷刻间失去支柱的房子，意志轰然坍塌了。

　　结果不言自明，再次交战，儿子惨死于乱军之中。

　　硝烟散去，父亲捡起那支断箭，沉重地叹了一口气道："不相信自己的意志，永远也做不成将军。"

把胜败寄托在一支箭上，多么愚蠢！而当一个人把生命的核心与把柄交给别人，又是多么危险！比如把希望寄托在儿女身上；把幸福寄托在丈夫身上；把生活保障寄托在单位身上……

这个故事告诉我们：自己才是一支箭，若要它坚韧、锋利，若要它百步穿杨、百发百中，磨砺它，拯救它的都只能是自己。

自信是一种无形的品质，不是你吃片药就能得到的东西，但它却可以被开发出来。充满信心和缺乏信心是我们都能从别人身上辨识出的东西，如果我们对自己够诚实的话，就知道自己是不是真有自信心。毕竟自信使一切都不同。

有这样一个男人，他60年代在英国皇家海军当过7年的深海潜水员。有人问他："潜到水下200英尺深，只戴一顶旧头盔，与上面只有一根气管相连，是否曾有过恐惧？"

"没有，"他答道，"我受过紧急情况的训练。"

他说这话时非常自信，显然训练已经把他可能会产生的任何恐惧都消磨掉了，并使他对自己的安全产生了绝对的信心。所以，在实现理想的道路上会有很多障碍，我们必须树立起信心去克服它们。

1900年7月，德国精神学专家林德曼独自驾着一叶小舟驶

进了波涛汹涌的大西洋，他在进行一次历史上从未有过的心理学实验，他要验证一下自信的力量。

林德曼认为，一个人只要对自己抱有信心，就能保持精神和机体的健康。当时，德国举国上下都关注着独舟横渡大西洋的悲壮冒险，因为已经有一百多位勇士相继驾舟均遭失败，且无人生还。林德曼推断，这些遇难者首先不是从生理上败下阵来的，而是死于精神崩溃、恐慌与绝望。所以他决定亲自驾舟，验证自己的推断。

在航行中，林德曼遇到了难以想象的困难，多次濒临死亡，有时真有绝望之感。但只要这个念头一升起，他马上就大声自责："懦夫，你想重蹈覆辙，葬身此地吗？不，我一定能成功！"在经历千辛万苦之后，终于，他胜利横渡了大西洋，成为第一位独舟横越的勇士。

很多时候，不是因为有些事情难以做到，我们才失去自信，而是因为我们动摇了自信，有些事情才显得难以做到。

自信可以创造奇迹

自信可以使你创造奇迹，而人们走向成功的第一要素也是自信。如果你能够真正建立自信，那么你可以说是迈入了成功的大门。当你相信自己时，你就会有激发进取的勇气，你就会感受到生活的快乐，只有这样才能最大限度地挖掘自身的潜力。

亨利·福特说："如果你认为自己行或不行，你常常是正确的。"当你回首往事时，发现做成的事情都是认为自己能做好的事情，你觉得不会发生的事情就从来也没发生过。

2001年5月20日，美国一位名叫乔治·赫伯特的推销员，成功地把一把斧子推销给了小布什总统。布鲁金斯学会得知这一消息，把刻有"最伟大的推销员"的一只金靴子赠予了他。这是自1975年以来，该学会的一名学员成功地把一台微型录音机卖给尼克松后，又一学员登上如此高的门槛。

布鲁金斯学会创建于1927年，以培养世界上最杰出的推

销员著称于世。它有一个传统，在每期学员毕业时，设计一道最能体现推销员能力的实习题，让学生去完成。克林顿当政期间，他们出了一个题目"请把一条三角裤推销给现任总统"，八年间，有无数个学员为此绞尽脑汁，可是最后都无功而返。克林顿谢任后，布鲁金斯学会把题目换成"请把一把斧子推销给小布什总统"。

　　鉴于前八年的教训，许多学员知难而退，个别学员甚至认为，这道毕业实习题会和克林顿当政期间一样毫无结果，因为现在的总统什么都不缺少，再说即使缺少，也用不着亲自购买；退一步说，即使他们亲自购买，也不一定正赶上你去推销的时候。

　　然而，乔治·赫伯特却做到了，并且没有花费多少工夫。

　　一位记者在采访他的时候，他是这样说的："我认为，把一把斧子推销给小布什总统是完全可能的，因为布什总统在得克萨斯州有一片农场，里面长着许多树。于是我给他写了一封信说：有一次，我有幸参观您的农场，发现里面长着许多矢菊树，有些已经死掉，木质变得松软。我想，您一定需要一把小斧头。但是从您现在的体质来看，这种小斧头显然太轻，因此您需要一把不甚锋利的老斧头。现在我这儿正好有一把这样的斧头，它是我祖父留给我的，很适合砍伐枯树。假若您有兴趣的话，请按这封信所留的信箱给予回复……最后，他就给我汇来了15美元。

乔治·赫伯特成功后，布鲁金斯学会在表彰他的时候说，金靴子奖已空置了26年。26年间，布鲁金斯学会培养了数以万计的百万富翁，这只金靴子之所以没有授予他们，是因为我们一直想寻找这么一个人，这个人不因有人说某一事不能实现而放弃，不因某件事情难以办到而失去自信。

乔治·赫伯特的故事在世界各大网站公布之后，一些读者纷纷搜索布鲁金斯学会，他们发现在该学会的网页上贴着这么一句格言："不是因为有些事情难以做到，我们才失去自信；而是因为我们失去了自信，有些事情才显得难以做到。"

事实上，"能"和"不能"完全取决于你的信心，你认为你能，你就能。世上无难事，只要肯攀登，"你做不到"并非真理，除非你确实反复试过，否则任何人无权对你说"不可能"。一个想当元帅的士兵不一定就能当上元帅，但一个不想当元帅的士兵绝对当不上元帅。因为一个人不可能取得他并不

想要或不敢要的成就。你得在没有人相信你的时候，对自己深信不疑。一旦你开始退缩，你就永远迈不出成功的脚步。

但是，在我们的现实生活中，很多年轻人都非常的希望通过自己的努力达到成功的巅峰，享受随之而来的成功果实。可是，由于他们都不具备必需的信心和决心，因此他们无法达到成功的顶点。也因为他们相信自己达不到，以致找不到登上巅峰的途径，他们的作为也一直只停留在一般人的水平。

但是，还是有少部分人真的相信他们总有一天会成功。他们抱着"我就要登上巅峰"的积极态度来进行各项工作。这批年轻人仔细研究高级经理人员的各种作为，学习那些成功者分析问题和做出决定的方式，并且留意他们如何应付进退。最后，他们终于凭着坚强的信心达到了目标。

很多成功学家对那些在各领域有突出贡献的卓越人物进行过分析研究，发现他们都有一个共同的特点，那就是这些人在开始做事的时候，总有充分相信自己能力的坚强自信心。他们深信自己所从事的事业一定会成功。然后，他们投入了全副精力，甚至以蚂蚁啃骨头的精神排除了一切拦路虎，一直到取得最后的胜利。

下面是培养自信的四个方法：

（1）一定要避免使自己处于一种不利的环境中。否则，当你处于这种不利的环境时，虽然人们会表示同情，但他们同时也会感到比你地位优越而在心理上轻视你。

（2）不要总想着自己的缺陷 。

（3）每天照三遍镜子。

（4）相信你的感觉，其他人并不一定注意得到。

自信就能成功

德国人海涅说："一旦我们在世界上吸引了足够的注意，在其中扮演一个角色，我们顿时就像一个球一样滚动起来，而且从此再不停歇。"

成功并不是坐等可得，它要靠自己一步步争取和奋斗。因而成功属于主动进取的人。只有自信的人才会在处理事情的时候采取主动的态度。在事情和自己的能力中寻求突破口，分析后的结果就是要么自信地面对，要么坦然认为自己还有哪些方面不足。

在现实生活中，或许我们会因为某一件极其微小的事情而情绪低落，对自己失去原有的自信，对生活充满自卑。自卑主要表现为对自己的能力、品质等自身素质评价过低；心理承受力脆弱；经不起较强的刺激；谨小慎微、多愁善感，常常产生疑忌心理上的自我消极暗示，它的形成可以是偶然存在，也可以是一段时间存在。如果因为自卑而给自己以至社会带来极大的负面影响，则应该自我反省，有意识地通过锻炼来增强自己的自信心。

那么，我们怎样才能使自己最优秀呢？《圣经》上说，能移走一座山的是信心。信心不是希望，信心比希望要重要，希望强调的是未来，信心强调的是当下；信心不是乐观，乐观源于信心；信心不是热情，但信心产生热情。按照成功心理学因素分析，信心在各项成功因素中的重要性仅居思考、智慧、毅力、勇气之后。自信人生三百年，唯有自信的人才会有所成就。

那么，我们如何才能使自己变得自信呢？首先相信自己是重要的。如果你认为这句话有问题，我们不妨来看一看下面这个故事就明白了。

NBA的夏洛特黄蜂队有一位非常特别的球员——博格斯。他的身高只有160厘米，即使在普通人的眼里，也是个矮子，更不用说在两米还嫌低的NBA了。据说博格斯不仅是当时NBA中最矮的球员，而且也是NBA有史以来创纪录的矮子。但这个矮子可不简单，他曾是NBA表现最杰出、失误最少的后卫之一，不仅控球一流，远投精准，甚至在长人阵中带球上篮也毫无畏惧。

博格斯是不是天生的灌篮高手呢？当然不是，而是在他坚

定信念的指导下，刻苦训练的结果。博格斯从小就长得特别矮小，但他却非常热爱篮球运动，几乎天天和同伴在场上拼斗。当时他就梦想着有一天可以去打NBA。每当博格斯告诉他的同伴"我长大后要打NBA"时，所有听到的人都会忍不住哈哈大笑，甚至有人笑倒在地上，因为他们"认定一个身高只有一米六的矮子是绝无可能打NBA的。"

但同伴的嘲笑并没有阻断博格斯的奋斗，而是更加激发了他的斗志。每天训练以前，他都要用十分坚定的口气对自己说："博格斯，你是最棒的，你一定能打NBA。"他用比一般人多几倍的时间练球，用比别人强几倍的毅力坚持。终于，他成为全能的篮球运动员，也成为最佳的控球后卫。他充分利用自己矮小的优势，行动灵活迅速，像一颗子弹一样，重心低，很少失误，个子小，不引人注目，抄球常常得手。

博格斯成为有名的球星后，从前听说他要打NBA而笑倒在地上的同伴，反而经常炫耀地对别人说："我小时候是和黄蜂队的博格斯一起打球的。"

160厘米的身高，即使在生活中也被判为"N等残废"，更不用说从事篮球这项巨人运动了。而博格斯不仅打进了NBA，

　　而且还打得有板有眼，出神入化，成为最优秀的球员之一。博格斯凭的是什么？凭的就是他那份执着，那份自信以及由此激发出来的顽强毅力。正是源于这份自信，博格斯才能战胜种种难以想象的困难，跨越各种常人看来不可逾越的障碍，一步一步走向事业的顶峰。

　　现在，我们就要自信地对待自己的问题，自信地去解决，自信地面对新的问题，自信地解决所遇到的难题，最后，自信地走向成功。

　　珍妮是个总爱低着头的小女孩，她一直觉得自己长得不够漂亮。有一天，她到饰物店去买了只绿色蝴蝶结，店主不断赞美她戴上蝴蝶结挺漂亮，珍妮虽不信，但还是挺高兴，不由地昂起了头，急于让大家看看，就连出门与人撞了一下都没在意。

　　珍妮走进教室，迎面碰上了她的老师，"珍妮，你昂起头来真美！"老师爱抚地拍拍她的肩说。

　　那一天，她得到了许多人的赞美。她想一定是蝴蝶结的功劳，可往镜前一照，头上根本就没有蝴蝶结，一定是出饰物店时与人一碰弄丢了。

　　自信原本就是一种美丽，而很多人却因为太在意外表而失

去很多快乐。所以，有人把"信心"比喻为"一个人心理建筑的工程师"。在现实生活中，信心一旦与思考结合，就能激发潜意识来激励人们表现出无限的智慧和力量，使每个人的欲望所求转化为物质、金钱、事业等方面的有形价值。

很多年前，刘强所从事的工作是一家投资小的服装店。他过着平凡而又体面的生活，但并不理想。他家的房子太小，也没有钱买他们想要的东西。刘强的妻子并没有抱怨，很显然，她只是安于天命而并不幸福。

但刘强的内心深处变得越来越不满。当他意识到爱妻和他的两个孩子并没有过上好日子的时候，心里就感到深深的刺痛。但是今天，一切都有了极大的变化。现在，刘强在动物园的服装批发广场已经拥有了一个很大的店面，而且他还拥有了一个漂亮的家。他和妻子再也不用担心能否送他们的孩子上一所好的大学了，他的妻子在花钱买衣服的时候也不再有那种犯罪的感觉了。转年夏天，他们全家还去国外旅游了。刘强真正地过上了属于自己的生活。

刘强说："这一切的发生，是因为我利用了信念的力量。在八年前，我听说在北京有一个经营服装的工作，那时，我们

还住在沈阳。我决定试试，希望能多挣一点钱。我到达北京的时间是星期天的早晨，但公司告诉我面谈还得等到星期一。晚饭后，我坐在旅馆里静思默想，突然觉得自己是多么的可怜。'这到底是为什么？'我问自己'失败为什么总属于我呢？'"

刘强不知道那天是什么促使他做了这样一件事：他取了一张旅馆的信笺，写下了几个他非常熟悉的、在近几年内远远超过他的人的名字。他们取得了更多的权力和工作职责。其中两个人是邻近的农场主，现已搬到更好的边远地区去了；另两位曾经为他们工作过；最后一位则是他的妹夫。

刘强问自己：什么是这5位朋友拥有的优势呢？他把自己的智力与他们做了一个比较，刘强觉得他们并不比自己更聪明；而他们所受的教育，他们的正直，个人习性等，也并不拥有任何优势。终于，刘强想到了另一个成功的因素，即主动性。刘强不得不承认，他的朋友们在这一点上胜他一筹。

当时已快深夜3点钟了，但刘强的脑子却还十分清醒。他第一次发现了自己的弱点。他深深地挖掘自己，发现缺少主动性是因为在内心深处，他不看重自己，对自己并不自信。

刘强坐着度过了残夜，回忆着过去的一切。从他记事起，刘

强便缺乏自信心，他发现过去的自己总是在自寻烦恼，他总在表现自己的短处，几乎他所做的一切都表现出了这种自我贬值。

刘强终于明白了：如果自己都不相信自己的话，那么就没有人会相信你。如果你都认为自己不会成功，就没有人会认为你会成功。

于是，刘强做出了决定："我要把自己当成这个世界上最伟大的人，我要建立起坚强的自信，去做人不敢尝试的事。"

第二天上午，刘强仍保持着那种自信心。他暗暗地以这次与公司的面谈作为对自己自信心的第一次考验。在这次面谈以前，刘强希望自己有勇气提出比原来工资高的要求。但经过这次自我反省，他认为他可以更高，于是他对自己的人生定位也做出了新的认识。结果，刘强达到了目的，他获得了成功。

由此可以看出，几乎每一个成功的故事都源于一个伟大的信念，而故事的主人公无一例外地会遇到困境和挫折。就像那些成功的音乐家一样，他们的超人之处就在于能够将路上的小插曲在头脑中沉寂下来，让自己静静地倾听来自灵魂的声音——那是信念的声音在回响。

所以，无论是贫穷还是富有，无论是貌若天仙，还是相貌平平，只要你昂起头来，只要你相信自己，你就会变得非常的快乐，你就会对人生充满新的希望。

　　当然，历史上也不乏因为缺少自信而失败的事例，现在看起来，仍然是那么让人痛心疾首。

　　就在丰臣秀吉统一日本的时候，有一个大将手下的军队也有2万人之众，可以算是不小的诸侯。可就在他进军讨伐丰臣秀吉的时候，突然出现了一支只有500人的小部队，只是一个武士带领的。由于对这支突然出现的部队完全没有了解，因此这个大将就停止前进，小心翼翼地进行试探。

　　如果在白天相遇的时候就进行战斗，事情就简单得多。可是到了晚上，部队又是驻扎在山谷里，情况就很凶险。当晚，这个大将就被刺杀了。2万人对500人，无论对手多么厉害或者熟悉地形，都应该觉得自己是足够强大和胜券在握的，可是这个时候不恰当的谨慎和小心往往就成了自己失败的根源。

第五章

在冒险中寻找机遇

机遇是公平的

人生只是短暂一瞬，生命的弓弦应该是紧绷的，而不是放松的。生命不息，奋斗不止，应该是每个人具备的精神。战胜了失败，便是战胜了自己，我们也就有了成功的机遇，也就有了拥有幸福的机遇。

机遇对每一个人来说都是公平的。这句话一点也没有错，但随着社会的发展，只是我们不能再坐等机遇的到来了，而是应该去寻找机遇，创造机遇，这样才能抓住悄悄从我们身边溜走的机遇。

1973年，年仅20岁的陶新康办了个家具厂，家具厂十几名职工，大多是原来那帮木匠哥们儿。人虽少，但个个身手不凡。唯一感到困难的是搞原材料。当时的木材是统购统销物资，陶新康凭着自己的机灵，先凑些购货券去买些当时十分紧俏的手表、缝纫机和自行车，然后用这些来自上海的紧俏商品

去江西换取木材，再将木材运回厂里做原料。

小小的家具厂犹如汪洋中的小船，在陶新康的掌舵下在波涛汹涌中颠簸了十几年，虽说并不一帆风顺，却使陶新康的意志力得到了充分的磨炼。当绝大多数中国人还沉睡在计划经济摇篮中的时候，陶新康已经从市场中悟得了市场经济的真谛。

一个大写的"木"字凸现在陶新康的人生旅途中。

1986年，城市经济体制改革的大潮扑面而来。时年33岁的陶新康感到一个可以大写自我的时代来临了。考虑到东北是我国森林覆盖面积最大的区域，木材资源丰富，又是计划经济"冰封"最深的地区，市场资源充沛，于是他暂别上海，一头扎进东北的莽莽原始森林。经过多方面洽谈，他很快就从吉林、黑龙江等处的8个林业局手中承包了12条板材生产流水线。

一个人单枪匹马到异地他乡闯天下，这实在需要惊人的胆魄和坚忍不拔的毅力。那里冰天雪地，狂风怒吼，野兽出没，最冷时的气温可达零下40度左右。8个林业局分散在辽阔的林海雪原之中，如同8枚棋子遥遥相望，挪动每枚棋子，都要耗费许多时间与精力。要使这8枚棋子各个走得活、走得合理、走出效益，陶新康别无选择，只有三个字——拼命干！入乡随俗的陶

新康在大雪封山、交通阻塞时，坐过马车，乘过爬犁，戴过盖头遮脸的棉皮帽，也啃过又冷又硬的窝头。

他制定工资、奖金标准，确立工时、定额、规章制度、安全操作规程及必要的福利和待遇，桩桩件件安排得妥妥帖帖，使一大帮子还不知市场为何物的东北汉子不得不对这位精明强干的外乡人——陶老板心悦诚服。

1988年初冬，大雪封山前，一个东北汉子告诉他，260公里外的秃帽儿山区有5000立方米东北松积压，林区为了给职工年底发工资，可以过年吃上饺子，愿意以超低价出让。听到这消息陶新康来劲了，他二话没说，从箱底（那年头东北还没有信用卡、汇票的概念）取出一大包钱，雇了一辆北京吉普车进山。那司机愣了，说这时进山，莫不是到大山里去过年，这条泥路大雪只要下3天，啥车都不能跑了。陶新康还是一意孤行。

在大山深处，一笔买卖成交了！但是，大雪已经封了山路，这5000立方米木材运不出去。陶新康与林场商量了以后，决定由林场联系兄弟单位，货从邻近铁路路线的兄弟单位提，运费差价由陶新康支付。但是，陶新康如何下山呢？北京吉普被冻在了大山里。憨厚的东北人留他，在咱这里喝酒过年。他

却背了一大袋食品、茶水，一步一步地向山下走去。这260公里足足走了3天！

就在这苦苦磨炼的过程中，陶新康进行了第二次积累，他积累了丰富的林木知识，管理生产经验和比前一次更丰厚的资金。

1992年秋天，党的十四大召开了，他注意到对"私营企业"这个名词的提法有了明显的变化。接着，他又从故乡上海了解到，私营企业"苦菜花"的命运已开始扭转。他准备杀回老家去。

在东北的岁月里，陶新康每天最重要的一件事就是收看晚上7分钟中央电视台的《新闻联播》。他迫切地需要了解形势，特别是对"私营企业"这个新名词的重新诠释。

东北朋友为他惋惜，这里凝聚了他8年的心血，包括为他积累了不少资金的东北12条板材生产流水线，一夜之间就要放弃，岂不是等于放弃了一个现成的"聚宝盆"？陶新康自有道理："我到东北发展，是在政策上打个时间差。因为80年代中期的上海还是计划经济一统天下，私营企业的发展受到限制，木材被视为'统购统销'的战略物资。现在的形势不同了。上海是我的老家，又是国际大都市，有比东北更广阔的发展空

间。在东北发展固然已有了良好的开端，但终究是在外地搞事业，鞭长莫及，做生意讲究天时地利人和，当投资环境不能满足发展时，我只有忍痛割舍。"

　　困境中成长起来的中国企业家，向来不缺乏勤奋和勇敢。但很多人缺少的是远见和决断。陶新康最精彩之处，不是他独闯林海雪原的勇气，而在于及时抽身的远见。顺应大势，与时俱进，他总能在时代的转折中把握机遇。

没有做不到，只有想不到

卢梭说："谁成了哪一行的尖子，谁就能走运。因此，不管哪一行，我只要成了尖子，就一定会走运，机遇自然会到来，而机遇一来，我凭着本领就能一帆风顺。"

在人生历程中，不要再感慨命运对我们不公平。事实上，命运对我们是非常公平的，它公正地对待每个人，你付出多少，它就回报多少。如果你希望成功的机遇早早到来，就赶快做好准备，不怕做不到，就怕想不到，如果你想到了，从现在就赶快开始去做吧。

美国密苏里州最大的城市圣路易斯，有一个非常杰出的脑科大夫叫欧内斯特·塞克斯。他是华盛顿大学脑科手术室的主任，他所做的手术几乎就是奇迹，有许多人千里迢迢赶来，慕名来找他求医。但是，他在开始时并不是这样的。

多年以前，当他还是一个实习医生的时候，曾亲眼看到一

位医师因为无法拯救病人而感到痛心，那时大多数的脑瘤患者都是无法治愈的，但他相信有一天，一定会有一些医生有勇气去挑战病魔，去拯救那些苦苦挣扎的生命。

欧内斯特·塞克斯就是这样一个有勇气去挑战病魔的人，他有勇气去尝试几乎不可能完成的任务。当时，在美国从来没有过成功治愈脑瘤的先例，唯一能给这个年轻人一些指导的人是一位在英国的大夫——维克多·霍斯利爵士，他对脑的解剖结构的了解超过任何人，是英国脑科医学界的一位先锋人物。

塞克斯获准跟随这位英国医学家工作学习，在这位著名医学家手下工作。他为了打好基础，又花了6个月的时间到德国求教于那里最有能力的医师，这是许多年轻人不愿花时间去做的事情。维克多·霍斯利爵士对这个美国年轻人的认真和勤奋感到非常惊讶，因为他仅仅为做准备工作就花了6个月时间，爵士为此很感动，所以直接就把他带回自己的家里。

他们用了两年时间一起对猴子进行了多项实验，这为塞克斯未来的事业奠定了坚实的基础。塞克斯回到美国以后主动提出治疗脑瘤的要求，正是靠着这种坚韧的求索精神，才使大多数的脑瘤患者在今天得以治疗。他通过大量实践所著的《脑瘤

的诊断和治疗》一书，已经成为治疗脑瘤的权威著作。他还通过培训年轻的医师来继承和发扬他的医术，并在全国各地成立了这样的机构，使不同地域的脑瘤患者得到了及时的治疗。

处在大千世界中的我们，总会对一些事情感到惊奇，认为自己是无论如何也不能解决的，直到有一天发现别人竟然创造了奇迹。我们可以反过来想一下，别人能做到，而我们自己为什么做不到呢？

宗申集团的创始人左宗申从1982年初创始的一个摩托车修配铺开始，如今左宗申的宗申集团已经是世界最大的摩托车生产厂家之一，年产量达100万辆，有员工18000名。宗申集团与尹明善的力帆集团同样来自重庆这个中国摩托车工业的基地，宗申集团如今已经拥有国内第一支国际摩托车队。

左宗申1952年出生在上海，后来，他全家迁往重庆，他在重庆瓷厂当烧窑工。20世纪80年代初期，下海经商的热潮席卷中国大地，不甘人后的左宗申毅然辞去了当时被视为"铁饭碗"的正式工作，开始了他从商生涯的第一步。

万事开头难。刚刚下海的左宗申缺少经商的经验，也没有大量的资金支持，他先是到河北、山东等地去贩卖武侠小说，

做水果生意，倒卖服装，但时运不佳。做水果生意遇到坏天气，水果烂在了运输途中，倒卖服装又被骗个精光，甚至连回家的路费也没有了。

在妻子的再三劝说下，左宗申跟大舅子学起了修摩托车。从第一次修车打开车厢后无法再装回的尴尬，到一听发动机的轰鸣声就能判断车有没有毛病，这个过程他吃了许多苦。1982年，妻子把娘家一间临街的住房腾出来，在外面搭了一个小棚。就这样，左宗申开始了他的摩托车维修生意。未来的路也从这里开始延伸了。

1990年，一次偶然的机遇，一位朋友托他到重庆南岸五中校办工厂买1辆三轮摩托车。在那里，左宗申发现校办工厂的生意很好，许多人等着提车。一打听，才知道供不应求的原因是发动机的货源很紧俏。左宗申想修理摩托车发动机自己轻车熟路，何不自己搞组装呢？于是他与校办工厂交换意见。几天后厂长亲自上门，向他订购100台发动机。

1992年邓小平"南巡讲话"后，各行各业的发展均突飞猛进，摩托车行业也不例外。那时中国的发动机技术全是从日本引进的，日本也看到摩托车行业的发展前景。左宗申通过他十

几年的技术积累，造发动机基本没有什么问题，他决定成立自己的公司，生产自己的发动机。1992年，左宗申终于以50万元人民币起家，正式挂牌成立宗申摩托车科技开发公司，走上开发研制摩托车的道路。

左宗申十分清醒，目前的中国摩托车市场竞争日趋激烈。他认为："企业要生存发展，必须靠技术、靠人才、靠管理，并抓好国内国际两个市场，特别是国际市场。"宗申集团对市场进行认真的调查，分析行业发展的趋势和发展方向，把产品定位放在农村市场，以此来指导公司新品的开发、销售和生产经营管理，并保持良好的发展势头。

在产品开发方面，左宗申的一个重要战略决策，就是避开了竞争激烈的城市市场的锋芒，把产品定位在广大农村市场；其次是以城乡结合、中小城市为对象；最后才是面向城市，此外还有一种是面向先富起来的一批人。宗申已在全国设有43个片区总代理，9个分销公司，并辐射到全国，基本上做到了每个镇都有销售点。据初步统计，公司已建立近3000个零售点。到1988年为止，公司的营销网络已经较为完整、规范地建立起来了。

经过周密策划，宗申集团大举进军市场，获得了长足进

步，生产发动机90万台、整车30万辆。这在摩托车行业经过几年的高速发展，到1998年已经进入发展低谷的"大气候"中不能不说是个奇迹。

宗申摩托的另一个战略决策，就是在国内市场竞争日趋激烈的状况之下主动出国，将东南亚作为新的主攻地，以价格优势向日本这样的传统摩托车出口国发起挑战。

左宗申的口号是"中国龙，宗申梦"！意思是希望宗申集团能像龙一样飞跃。他说："随着经济全球化，我们的市场定位只能是全球的，而不能仅仅局限在中国。"宗申摩托已经出口世界近140多个国家地区，将更多的产品销往国际市场。

在国际市场上，宗申已经和日本摩托车展开了短兵相接的竞争。已经进入越南市场30多年的日本摩托，在中国摩托价格优势的挤压下，份额急剧下滑。左宗申利用国际通用的售后服务理念，用自己的方式在最短的时间内建立健全了服务性的专业公司，还花重金从康柏请来一个售后服务总监主持公司的售后服务工作，要求他3年内使宗申的服务在国内达到星级标准，而国外制定的目标是5年。

为了向世界展示中国摩托的风采，并把企业行为融入世界

大循环中去，左宗申组建了宗申摩托车队，参加世界锦标赛，并于2001年在日本铃鹿赛道一举获得冠军，在世界上引起轰动。面对越来越激烈的国际竞争，左宗申加快了在全球进行资源整合的步伐，与多家跨国公司展开合作。

如何在强手林立的行业中寻找机遇？左宗申将自己定位于组织者：将国内、国际的优势资源最佳地配置起来。国内有上千甚至上万家摩托车零部件制造商，如何在这些零部件中选出质量最好、价格最优的零件来进行组合，就需要组织和管理。或许市场的胜者，并非自己做得最好，而是把资源整合得最好。著名经济学家厉以宁评价左宗申："这才是合纵联横的战略家，这才是市场王者之风范。"

敢想，还要敢干

　　古代有位智者曾经说过他有移山大法，他所谓的移山大法就是"山不过来，我就过去"。这就是说，一个人只有敢想是不够的，还必须要敢干才能成大事。同样，没有机遇，我们可以创造机遇，天上不会掉馅饼，机遇要靠我们自己去创造。

　　歌德曾经说过："犹豫不决的人，永远找不到最好的答案。因为机遇会在你犹豫的片刻溜掉。即使是处于混乱中，我们也必须果断地做出自己的选择。"这话说起来简单，但做起来非常的难，如果一个人没有决心去做，或者说没有冒险精神，是很难成大事的。懦弱的人、怕变化的人，只好躲在安全的地方，眼巴巴地看着别人走向成功，而自己却坐着让机遇白白失去。

　　华达集团总裁李晓华早年曾因倒卖16块电池而被判处劳教，而且还丢掉了工作，成为失业者。

多灾多难的命运把李晓华抛进了中国第一代个体户的行列里。曾有朋友劝李晓华到广东那边进点货在北京摆个小摊什么的，也算做点小生意吧！

李晓华动心了。于是，心情复杂的李晓华挤上了南下的列车，到了广州。

早在20世纪80年代初，广州就显示出了比北京更迅猛的发展势头。李晓华漫无目的地走着，眼前闪晃过一扇扇物品丰富的橱窗，那里有着许许多多在北京不多见的新鲜玩意儿。

突然，一件新奇的东西把李晓华吸引住了。那是一个直径约半米的透明玻璃大罐子，上宽下窄，里边橙黄色的果汁鲜嫩嫩的，不知追随着一种什么力量，不安分地跳着。沿着玻璃壁上滑落下来的汁液像是锅盖上蒸腾的水汽变成了水滴，画着十分诱人的轨迹。

李晓华站住了，站在了这个从未见过的东西面前，不想走了。这就是今天中国各大中城市夏天街头很常见的喷泉果汁制冷机。可在当时，别说李晓华，全北京近千万人恐怕也没什么人见过。李晓华当即下了决心，就买这个了。

"多少钱一台？"他有些怯生生地问售货员。

　　"4000块。"对方答。

　　那几乎是他身上所带的全部本钱。可李晓华没有犹豫，他相信自己的判断力。

　　"我买一台。"

　　就这样一趟广州，李晓华没买众目所瞩的新潮时装和十分好赚钱的家用电器，而是抱着一台喷泉制冷机兴冲冲地回北京了。把它放在哪里呢？妻子想到了个绝好的地方——北戴河。

　　李晓华的妻子张吉芸对那里比较熟悉。过去她的父亲夏季常常去那里度假，还带她去过几次。北戴河是北方有名的旅游避暑胜地，京津两市的好多机关在那里建有疗养院，干部们和普通居民，有机遇都会去那里度过一个夏季的好时光。去北戴河摆喷泉制冷机，赚游客的钱。好主意！

　　李晓华说干就干，可是他口袋里的钱没有了，于是就拉了一个合伙人，他出设备，北戴河的朋友出场地和人员，一间冷饮商亭红红火火地开业了。

　　那是一个难忘的夏天！已届而立之年的李晓华尝到了实实在在的成功，喜悦溢于言表。他不仅赚足了大把钞票，更重要的是，他对自己的专业敏感和决策能力充满了自信。

李晓华独到的眼光，大胆的行动，让他得到了丰厚的回报，促使他更快地向前发展，创造辉煌的事业！

美国物理学家和发明家米哈伊洛·伊德夫斯基，他使本来只能在一个城市内通话的电话，能够长距离使用，并且成功地跨越了大陆。

他小时候为了对付夜幕下藏匿于草丛中的盗畜贼，把刀锋插在草地里，然后牧羊少年"当当当"地敲打长刀的刀柄，让躲藏在玉米地里的来犯者听不到这个信号，但附近的牧羊少年则可以把耳朵贴在地上听到这个报警信号。他们用这个方法成功地对付了盗畜贼。

随着时间的流逝，长大后的牧羊少年几乎都忘记了这个可以通过地面传声发出警报的方法，但只有一个人例外，他在25年后以此作为理论基础，做出了一个使世人都受益的伟大发明，他就是米哈伊洛·伊德夫斯基。

没有成就的人常会为自己寻找借口，他或许这样说："我没有机遇也没有时间去创造什么。"难道真的是没有机遇吗？其实机遇就藏在我们日常的生活中，只是我们缺少发现的眼睛而已，像世上的很多发明，都是通过对平常的东西进行不平常

的思考而得来的。

　　那些不平常的思考不会自觉地在我们的生活中发生。我们之所以能够发展，是因为我们自己必须要发展，这样我们才会积极地应对生活中的各种问题。成功的人在以往的经历中都遇到过人生抉择，抉择涉及风险，敢不敢冒这个风险，就看自己有没有信心。不怕做不到，就怕想不到，如果你想到了，不妨行动起来，或许你也会创造奇迹，成为一个不寻常的人物。

机遇不喜欢安于现状的人

在我们的身边，我们常常能看到这样的人，他们安于现状，每当机遇来临的时候，他们常常无动于衷，且不怎样欢迎机遇。

事实上，机遇代表变动、风险、困难和失败，这些都与他们的要求背道而驰。创造机遇，表示打破现在生活的均衡。忽然间从各个方面出现的那些不利的因素，在满足于现状的人看来，那简直是非常遭糕的。有时，他们会幻想一下碰上机遇，可以成为富翁，这样已感到满足。他们不会企图把构想付诸实践，这如何能取得成功呢？

年轻的亚瑟王在一次与邻国的战争中战败被俘。王妃看他英俊潇洒，不忍杀害他，所以提出了一个条件，要求他在一年内找到一个让她满意的答案，就可以暂时把他释放。如果一年后没有得到让她满意的答案，亚瑟王要自愿回来领死。如果

不答应这个条件，就要终身囚禁。她的问题是"人最想要什么？"这个问题恐怕连最有知识的人也很难回答，何况年轻而涉世未深的亚瑟王。信誉是男人的第二生命，既然已经答应了人家的条件，说什么也要找出答案。

他回到自己的国家，做了几次调查，一而再地请教智者、母亲、姐妹等，但是他还是找不到满意的答案。其中有一个谋士告诉他，可以去请教一个神秘的女人，她一定有答案，但是她喜怒无常。

一直到最后一天，亚瑟王无奈，只好跟着随从找到了那神秘女人。那女人似乎知道他要来，很快就开出了价钱："我保证给你一个可以过关的答案，但条件是要葛温娶我为妻！"葛温是武士中最英俊潇洒的一个骑士，也是亚瑟王的最好朋友。

亚瑟王打量着眼前丑陋的神秘女人，他心里想着绝不能卖友求生，所以当下就拒绝，准备明天动身去领死。可是随从把当天的情况告诉了葛温，葛温有感于亚瑟王对朋友的义气，决定牺牲自己，葛温就偷偷地去见了那神秘的女人，并且答应娶她。神秘女人也言而有信，把答案告诉了亚瑟王："人最想要的是能够主宰自己的一生。"

　　亚瑟王带着这个答案去见了王妃，王妃欣然接受，释放了
亚瑟王。回国后，葛温和神秘女人正式举行盛大的婚礼，亚瑟
王看到朋友为自己做了这么大的牺牲，简直痛不欲生。葛温却
保持着骑士的风范，把自己的新娘介绍给大家。到了洞房花烛
夜，葛温还是依照习俗温柔地把新娘抱进新房，神秘女人羞涩
地把脸转过去，等到葛温把她放到床上，他赫然发现她突然变
成了一个容光焕发、美丽温柔的少女。葛温忙问怎么一回事。
"为了回报你的善良和君子风度，我愿意在这良辰美景恢复我
的本来面目。但是我只能半天以美女姿态出现，另外半天还是
要回到令人厌恶的丑陋面目，不过亲爱的夫君，你可以选择我
到底白天和晚上以什么面貌出现。我一定照你的指示去做。"

　　葛温想了想，以坚定的口气回答说："亲爱的太太，我觉
得选择的结果对你的影响比对我的影响大得多，你才有资格决
定这件事情。"

　　"亲爱的先生，全世界只有你最了解一个人最想要的就是
主宰自己的一生，所以我要一天24小时都恢复我原来面貌来报
答你。"

　　希望成功的青年，不但要意志坚定，还应随时抓住机遇，

鼓起勇气去做。一个不相信自己，抓不住机遇的人，再也不会有出头的一天。

如果一个人生性怯懦，没有一点儿自信心，遇事迟疑不决，裹足不前，毫无判断力，毫无冒险之心，那他的一生就将毫无生气，毫无成功的希望。

不论你承受着多么大的负担，也不论你生活的环境有多么的不公，只要你愿意，只要你想改变这一切，你就一定会扭转这个不好的局面，你的梦想终会有实现的那一天！然而如何才能实现呢？只要你敢于冒险，敢于挑战极限，才能体验生命的壮观。果断做出决策，我们可能还有胜利的希望，否则，会连一点希望也没有。世界上没有万无一失的事，无限风光在险峰，没有风险，就不会有波澜壮阔的人生，就不会有绚丽壮美的人生风景。只有冒险才能更好地拓展流光溢彩的人生！生命的历程就是一次冒险的旅行，要成为弄潮的勇士，就要敢于挑战人生的波峰浪谷，就要有"不入虎穴，焉得虎子"的胆识和魄力。

我们每天都可能面临着各种变化，新产品和新服务不断上市、新科技不断被引进、新的任务被交付，新的同事、新的老板……这些改变，也许微小，也许剧烈。但每一次改变，都需

要我们调整心态重新适应。面对改变，意味着对某些旧习惯和老状态的挑战，如果你不改变过去的行为与思考模式，并且固执地相信"我就是这个样子"，那么，尝试新事物就会威胁到你的安全感。

敢想敢做，就是积极热情，就是良好心态的一种折射。当一个人缺乏生活的激情时，任何事都会对他产生很大的威胁，事事让他感到棘手、头痛，热情也跟着低落，就像必须用双手推动一座牢固的墙似的，费好大的劲儿才能完成某件事情。

想了，做了，愈投入工作就会变得愈可行，信心也跟着大增。因此，同样一件工作，巅峰型人看见机遇，非巅峰型人却看见障碍。全力以赴的巅峰型人能看见事情的积极面及其可为之处；不投入的人却只看见难以克服的困阻，很快就气馁灰心。

成功人士之所以杰出，不在于他们有多么好的运气，相反，他们的运气大多看上去并不太好，甚至是糟透的。关键的是，他们敢想敢干，敢于努力拼搏，敢于用行动克服困难、消除困难，不让不良心态有可乘之机控制他们，所以他们一直拥有自信，拥有成功必备的良好心态。